JN232341

おはなし科学・技術シリーズ

紙のおはなし

[改訂版]

原 啓志 著

日本規格協会

改訂にあたって

　1992年の初版からちょうど10年が経過しました．とても多くの方に読んでいただいたことになります．本著をきっかけに読者の方とお話もできましたことは小職にとって大変うれしいことでありますし，励みにもなりました．さらにその結果，いくつかの用紙が生まれたり，新製品開発に役立てていただいたことも申し添えておきます．

　ところで植物繊維と水を使って紙にするという，2000年以上の歴史をもつ技術は10年などの期間では変わるはずもなく，昔と同じように現在も，世界中で紙が作られ続けています．しかしながら紙の品質や生産工程，生産量等は変化し続けています．またこの10年の間に，いろいろな方からご意見やご質問をいただき，増刷の折りに，可能な限り加筆，修正を加えさせていただいておりました．今回は，紙の置かれている環境の変化に応じた改訂を基本に加筆しました．

　紙の生産量や各国の輸出入，原料の動きはできる限り最新の数値に書き換えました．初版の数値と比較いただければ，この10年間のトレンドが分かると思います．一例をあげますと世界の紙，板紙の生産量はこの10年間で約8 220万t増加して，1999年には3億1 525万tになりました．日本では，年率約1.3％の伸びで1999年には3 063万tになりました．

　また，日本工業規格（JIS）が国際規格（ISO）と1998年4月に整合化され，紙の基本的性質を調べるときに基準となる試験環境の変更は2000年4月1日から実施され，単位系のSI単位統一

(1999年10月完全実施)と併せて完全に変わりましたので，本著でも新JISとSI単位への対応を図りました．用紙の分類も1999年1月に一部変わりましたので，新しい分類の表に書き換えました．

　古紙の利用に関しては，その利用率や回収率の増大ばかりでなく，エコマークやグリーン購入法といった古紙の積極利用を推進する周辺の機構整備や技術開発も進んでいます．併せて，地球環境の保全を基本にした地球温暖化防止や森林資源の保護，さらには安全性の確保，品質保証や大気への環境影響軽減も進められています．これらと関連してパルプ漂白における脱塩素化も進んでいます．

　紙の第一の用途である印刷も日々変化しており，DTP（デスク・トップ・パブリッシング）やオンディマンドプリントに代表されるデジタル化，電子化も浸透してきました．当然そこに使われる紙も改質されています．

　一方，和紙の置かれている環境は，10年前の和紙のブームから変わらず，いい意味で注目されており，海外を含めて文化だけでなく修復やその他の分野で活躍する場面が少しずつ増えてきています．また，木材以外の植物，すなわち非木材植物繊維から作られる洋紙も増えてきました．非木材植物繊維が持つ様々な特性を機能紙だけでなく紙質，テクスチャーの形成に利用したり，地球環境の保全を支援する洋紙も注目されています．

　このように紙の置かれる各分野においても，グローバルに考え，対応することも行われてきています．

　今振り返ってみますと，少しずつですが，確実に紙と紙周辺は変化していることを感じます．21世紀になって，突然新しい文化や素材，技術が生まれることはなく，紙はこのように着実な進化により新しい時代，世紀を形作っていくことを確信します．

ニューヨークの世界貿易センタービルは残念ながら2001年9月11日崩壊しましたが，紙はきわめて保存性の高い記録材料でもあります．数千年にわたってこれからも発展し，残り続ける事を思います．

2002年1月

原　啓志

発刊に寄せて　（初版）

　ひところ"ペーパーレス社会"の到来が話題となったことがある．OA機器が普及すると事務所の机の上から紙の書類・帳簿が姿を消すというのである．確かに事務所のOA化は進んだが，コンピュータ，ワープロ，静電コピーに使うOA用紙の伸びはすさまじかった．このため増大する都市のゴミの中で，特に紙類の比率が上がり，自治体が音を上げてしまった．つまり情報社会の到来が洪水のような紙の消費を生んだ．

　さらに，成熟した物質文明社会は豊かな物流，高度な生活様式をもたらし，これを支える物資の流通に包装，つまり段ボールや紙器は欠かせなくなった．

　現代社会の柱である情報と流通，紙はこれらにしっかりと根をおろしている．

　「紙」という言葉から多くの人がイメージするのは，あの光を柔らかく包んだ白い和紙の世界であろう．和紙という言葉を耳にすると，何かほっとした表情をする人が多い．海外で紙の研究者とディスカッションして，ひとたびジャパニーズ・ペーパーではこうであるというと，碧眼のプロフェッサーも畏敬の眼差しになってくれる．しかし，現在，我々が接触する"紙"は，身近にありながら，案外一般に知られていない部分がある．

　このたび，本書『紙のおはなし』が原啓志君によって書き下ろされた．著者は製紙会社に勤務する気鋭の技術者であって，研究所で仕事をされていたころ，製紙原料としての亜麻の研究で東京大学で学位を授与されている．そのほかにも製紙技術の上でいろいろと優

れた業績をあげられてきた．

本書には，「紙の来た道"ペーパーロード"」，「文化が育てた"紙"，紙が育てた"文化"」，「和紙の調理ブック」，「洋紙のレシピ」といった瀟洒な見出しが並んでいる．これから想像されるようにわかりやすい角度からの紙と文化の関わりに始まり，紙の作り方，性質といった技術的な主題までに及んでいる．平生，芸術的センス豊かな原君のことを知っている者にとっては，納得の行く文章である．

専門技術を門外の人に伝えることは随分と難しいことであるが，とかく硬くなりがちな技術中心の事柄を，ソフトなタッチで表現していることに感服する．著者は，例えば紙の意外な性質として，音を吸い取る，熱を取る，光を取るなど紙の基本的性格をうまく説明している．そのかたわら，電磁波をシャットアウトする紙といった機能紙にまで筆を進めている．紙を新素材・機能的材料として見直そうという声をしばしば耳にするが，まずは著者のようなスタンスで紙を眺めるところから始まるのであろう．その意味でも，一般の読者のみならず，紙あるいは高分子材料の専門技術者にぜひ，読んでいただきたいものである．

1992 年 4 月

東京農工大学名誉教授
農学博士　大江　礼三郎

まえがき (初版)

　最近，再生紙と並んで和紙が静かなブームとなっています．いずれも環境，エコロジーの保護や文化，歴史，自然に親しむということと関係が深いようで，経済成長の後に発現した様々な余裕が"自然"に目を向けさせた結果と考えられます．

　ところで，この和紙を一般の紙（洋紙）と区別するようになったのはいつごろからなのでしょうか．私たちは和食と洋食（若い人たちの間ではタテメシ，ヨコメシといったりしますが），日本画と洋画，邦楽と洋楽というように日本古来の物と西洋の物を区別するのが好きなようです．日本画と洋画の区別については岡倉天心が提唱したことに端を発するそうですが，和紙については，いつごろ，どのような区分けをしたのでしょうか．また和紙と洋紙は，それぞれどんな特徴を持っているのでしょうか．

　私は，10年ほど前，麻の一種である亜麻の繊維が高級薄葉紙の原料に用いられる関係から，亜麻について調べる機会を得ました．亜麻の研究を進めて行くうちに，ヨーロッパにおける紙のルーツをエジプトまでさかのぼることができました．このことは麻を原料とした製紙の歴史をまとめる上で大いに役に立ちました．

　和紙においても麻紙が幻の紙といわれたときがあり，麻は和紙，洋紙を問わず重要な植物繊維といえます．

　話は変わりますが，私は，最近手漉き和紙を和紙作りのプロの方の指導のもとに，実際に作ることを経験しました．実際に指導を受けながら，これまで見聞していたこととは違う多くの感触を得ましたが，自分で作った紙に絵を描いてみて，絵具の浸み方など，さら

に新たな発見をすることができました．

　このようなときに，紙について1冊の本をまとめる機会をいただきました．

　紙については二通りの書物，分野があるようです．一つは製紙に携わる人，製紙技術者のために書かれた紙の本で，製紙機械，技術及び製紙科学に関するもの，もう一つは書道，染色，版画用紙といった和紙を中心としたもの及びグラフィックデザインにおける洋紙も含めた"紙"の使いかた，風土，文化とつながるものです．

　紙というのは，古くから親しまれ，身近にあるにもかかわらず，この両者を結んでやさしくまとめられた本は少ないように思われます．そこで本書では，紙の世界を，化学式や数式，専門用語を使わずに，できるだけやさしく，今まで触れられることの少なかった紙の世界を皆様に少しでも知っていただきたいと思ってまとめました．執筆に際しては，私一人の知識によるものではなく，たくさんの優れた書物，文献や先輩諸氏のお話や意見を活用させていただきました．巻末に示した文献，参考書の著者の皆様に，またいろいろとご教示いただいた方々に厚くお礼申し上げます．

　出版に際し，終始お力添えいただいた日本規格協会出版部の石川健氏，加藤久美さん，そして陰ながら多大のご援助をいただきました飯泉貢部長に厚くお礼申し上げます．そして，執筆に際し，支援いただいた三島製紙(株)の方々，及びRichmond在住のM. Derby氏のご好意に感謝致します．

　本扉に亜麻の種子をカットに使いましたが，亜麻は紙の歴史，原料の起源であり，今後も紙の技術と文化の花が開き続けることを託しました．

1992年3月

原　啓志

目　　次

改訂にあたって
発刊によせて（初版）
まえがき（初版）

1. 紙の来た道 "ペーパーロード"

1.1 紙の起源 …………………………………………17
最初に作られた紙／語源難語／"起源の紙"の原料―麻

1.2 紙の仲間とルーツ …………………………………21
古代エジプトとパピルス／羊の皮で作る"パーチメント"／棕櫚の葉に記した経文／薄葉紙のモデル"ライスペーパー"

1.3 手作りから機械化への道 ……………………………27
製紙の原点"手漉き"／和紙の発達／洋紙における工業化の波／製紙原料の開発

2. 文化が育てた"紙"，紙が育てた"文化"

2.1 手漉き和紙の世界 ……………………………………37
男らしい紙"楮紙"／紙の王者"雁皮紙"／優美な紙"三椏紙"／最古の紙"麻紙"

2.2 料紙に書かれた平安時代の書 ………………………42
2.3 歌舞伎に見る紙 ………………………………………43
2.4 紙と建築文化 …………………………………………46
2.5 生活文化と紙 …………………………………………48
2.6 レンブラントの紙 ……………………………………50

2.7　透かし …………………………………………………52
2.8　楽譜に秘められた紙の役割 …………………………55
2.9　横綱とゴルフクラブ …………………………………56
2.10　素材の良さがデザインにも …………………………58
2.11　文化財の修復 …………………………………………59

3. 和紙の調理ブック
　　　──木の皮から和紙になるまで

3.1　和紙材料 ………………………………………………63
3.2　蒸して，煮て …………………………………………64
3.3　紙砧，たたいて，たたいて …………………………66
3.4　アンカケトロミづけ …………………………………67
3.5　バレエのように華麗な紙漉き ………………………69
3.6　高野豆腐作り?! ………………………………………72

4. 洋紙のレシピ
　　　──木材から紙をつくる

4.1　コアラは紙を食べる?! ………………………………73
　　　木の成分，紙の成分／木材ピューレ（パルプ）／クッキング／白くする／すりつぶしたパルプ／DIP
4.2　良くもんで，混ぜて …………………………………84

　　　　　調成／叩解—たたく／調合／填料（白い粉！）／にじみ
　　　　　を止めるサイズ剤／紙の強さを増す薬品／染料，顔料
　　4.3　機械で抄く ……………………………………………100
　　　　　アプローチパート／抄紙パート／プレスパート／ド
　　　　　ライパート／サイズプレスパート／キャレンダー
　　　　　パート／コントロール
　　4.4　塗ったり，貼ったり …………………………………121
　　　　　塗工（コーティング）／塗工紙／塗工液（カラー）／
　　　　　塗工機（コーター）／押し出し塗工
　　4.5　切って，包んで，仕上げる …………………………130
　　4.6　中性紙と図書館の紙 …………………………………131
　　　　　pHと硫酸バンド／本の劣化／劣化を食い止める
　　4.7　古紙と再生紙 …………………………………………136
　　　　　ゴミ問題と紙の生産量／古紙の歴史／古紙パルプの
　　　　　性質／リサイクル／劣化／回収と利用／古紙の種類
　　　　　と嫌われる紙／再生するには

5.　紙に要求される機能

　　5.1　贈り物を包む …………………………………………151
　　　　　第一の機能《包む，保護する》／第二の機能《作業
　　　　　適性》／第三の機能《商品価値を高める》
　　5.2　印刷——グーテンベルグからプリントゴッコ®まで …166
　　　　　機能／凸版印刷／オフセット印刷／凹版印刷，グラ

ビア印刷／シルクスクリーン／紙の特性／圧縮性／平滑性／吸油性／表面強度／印刷トラブル——チョーキング，プリントスルー，パイリング，ブリスタリング，モットリング
5.3 記録紙——コピー用紙，FAX用紙，プリンター用紙 …177
感圧記録（紙）／感熱記録（紙）／感熱転写記録（紙）／電子写真記録（紙）／インクジェット記録（紙）

6. 紙 の 天 性

6.1 カゲロウの羽より軽く ……………………………………183
坪量，連量／厚さ，密度，束／新聞用紙／上質紙
6.2 別れのテープはなぜ切れない ……………………………188
フィブリル／強さの発現／強度の低下／湿度と強さ
6.3 お札は折りたたまれる ……………………………………192
折り曲げ／縮める
6.4 障子に写る影 …………………………………………………194
障子とグラシン紙／白色度／白さを増す／不透明度／吸収係数，散乱係数／光沢度
6.5 色——色の道 …………………………………………………200
色差
6.6 気体の透過性——息が苦しいマスク ……………………201
透気度／湿度の透過／ガスの透過
6.7 吸い取り紙 ……………………………………………………203

吸脱湿／寸法安定性／水の浸透

7. 紙の持つ意外な性質

7.1 音を吸い取る …………………………207
　　ヤング率とでんでん太鼓／音波と襖
7.2 熱を取る …………………………209
　　伝熱／熱膨張／熱分解
7.3 光を取る …………………………211
　　耐候性／耐光性

8. 紙の適材適所

8.1 自然に帰って行く紙 …………………………215
　　水に溶ける，溶けない?!／溶ける紙
8.2 燃える，燃えない …………………………217
　　難燃化／燃える紙／ライスペーパー
8.3 ア・タ・チ・のおむつ …………………………221
　　速くたくさん水を吸い取る紙おむつ／印刷と吸液

9. 紙の機能を生かす

9.1 写真をとる …………………………225

9.2　カードに記録する ……………………………………227
9.3　図面を描く …………………………………………228
9.4　電波をシャットアウト ……………………………229
9.5　粘着テープ …………………………………………231

10.　紙の種類と寸法

10.1　紙の種類 …………………………………………235
10.2　紙の寸法 …………………………………………235
10.3　製本 ………………………………………………237

11.　紙の次代を展望する

11.1　バイオテクノロジー ………………………………247
　　　原料とパルプへの利用／酵素叩解／スライム
　　　コントロール／排水処理／バイオマスエネルギー
11.2　新しい紙 …………………………………………249
　　　アラミド紙／無機繊維紙／合成紙／医療に使われる紙
11.3　これからを考える …………………………………253

引用・参考文献 ……………………………………………257
索　　引 ……………………………………………………261

1. 紙の来た道 "ペーパーロード"

1.1 紙の起源

　この本の紙を始めとして身近にある紙をよく見ると，平らで厚さが均一で，印刷もきれいにされていることがわかると思います．
　中国で発明された三大発明の一つである紙が，どのような技術的な改良を経て，このような紙になったのでしょうか．
　1986年に中国甘粛省天水市北道区党川郷放馬灘の古い墓から山，川，道などが描かれた紙片が出てきました．これは紀元前179～141年ごろの前漢時代に作られたものと推定され，その繊維の観察結果から大麻という草と苧麻という草の繊維からできている「麻紙」であることがわかりました．これが現在世界最古の紙と考えられています（その他に陝西省西安市の灞橋で出土した同じ前漢時代の灞橋麻紙などがあります）．
　この後さらに改良が重ねられて，書写材料に適するように蔡倫という人によって「紙」の作り方がまとめられました．後漢時代の西暦105年に，時の皇帝である和帝に奏上されたので，かつてはこのときをもって紙が発明された年とされていました．蔡倫を紙祖，この紙を蔡候紙という所以です．

・**最初に作られた紙**
　それでは最初に作られた紙とはいったいどんなものだったのでし

ょうか.

『紙』は古真綿と麻くずを竹で編んだ網（簀）で漉き上げた薄く平らで柔らかいものと解釈されます．漢代には良質の絹糸や絹織物を作るときに派生する質の悪い繭から絮という古真綿をとり，庶民の防寒用などに使っていました．絹繊維くずを竹筐の中で水につけながら竹ざおでたたいて洗い，絮を作りました．このとき竹の簀の上に残る薄いシート状のものや，絮を木灰汁で煮るという工程を参考にして麻ぼろ，麻くずからあるいはこの古真綿（絮）を混ぜて「紙」を作るようになったと推定されています（図1.1）．

中国では紀元前2000年ごろから絹織物が作られており，絹は当時の高級な衣料用織物であったほか，縑帛といって紀元前7〜6世紀以来の重要な書写材料でもありました．同時期に木簡［木の薄い

図1.1 絮と簀にできた薄いシート （造紙史話編，写組編，造紙史話を元に著者イラスト化）

1.1 紙の起源

板（札）］も紀元前 1300 年ごろから書写材料として使われていました．縑帛は高価であるため，木簡は重くかさばるためにそれぞれ利用されなくなり，紙が代わって使用されるようになりますが，これらの書写材料は現在の紙作りの工程，原材料のもとになっています．

絹は蚕，繭とともに5世紀ごろからシルクロードを通って西欧へもたらされますが，同じ道を通って「紙」が西欧へ伝播されていったと考えられます．

・語源難語

「紙」という字は蚕糸（絹）を撚り合わせる形を表す糸偏と，匙のように薄く平らで柔らかいことを表す氏旁からなりますが，「カミ」と発音されるようになったのは奈良時代に入ってからです．語源には諸説あり，語源難語の一つと考えられていますが[6]，樺の木の皮からカバ→カビ→カミと音韻変化したものか，あるいは木簡の簡からカミに転韻したものと推定されます．

・"起源の紙"の原料―麻

起源の紙の原料である麻について少し考えてみましょう．

「麻」は中国，日本では大麻のことをさしますが，麻といった場合，広くいろいろな麻類のことをさします．麻と呼ばれる植物は多く，大麻，苧麻，亜麻，黄麻，紅麻（ケナフ），マニラ麻，サイザル麻などがあります．英名ではそれぞれ Hemp, Ramie, Flax, Jute, Kenaf, Manila Hemp, Sizal Hemp と表します．麻糸，麻織物という場合には，日本では，大麻，苧麻の糸，織物をいいますが，ヨーロッパでは，亜麻織物（リネン）をさすことが多いようです．

世界で最も古い織物は，紀元前 4440±180～4200±250 年に作られた亜麻の布で，エジプトの el Fayum（ファイユーム）の遺跡か

ら発見されています[19]。以来,亜麻は衣料の原料として人とかかわってきますが,ヨーロッパで紙が生産され始めたときには重要な製紙原料となりました。亜麻は学名を *Linum usitattissimun, Linné* (有用な糸になる植物の意) といい,中央アジア南部及びアラビア原産[20]の直径 2 mm,高さ 1 m ほどの双子葉 1 年生草本植物です (図 1.2)。

大麻(あさ)は西アジア原産の桑科に属する高さ 1.2~3 m の一年生草本です。繊維を取った後の茎は,苧殻(おがら)と称し盂蘭盆(うらぼん)の送り火に用います。中国では,紀元前 1700 年ごろから大麻が利用され始めたとされています[19]。

苧麻(ちょま)は東南アジア原産のイラクサ科の多年生草本で高さは 1.5 m になります。茎は群出し裏白の葉を互生します。仰韶(よくいん)の遺跡から発見された遺物から,中国では紀元前 3000 年から苧麻(からむし)の織物が生産されていたことが推定されます[19]。

いずれも表皮の内側にある靭皮繊維を使って糸やロープ,織物を

図 1.2　亜麻野生種[21]

作ります．

中国，日本における植物繊維の織物の歴史では，苧麻と榖(かじのき)（樹皮繊維）の類がまず使用され，次いで大麻がこれらに代わって用いられたと推定されます．ちなみに日本に最も早く帰化した植物は大麻といわれています[19]．榖は楮(こうぞ)と同属であり，古代からあるヒメコウゾ(*Broussonetia Kajinoki Sieb.*)の繊維から作った織物は木綿(ゆう)と呼ばれていました[6]．日本で上布，曝布というのは苧麻から織った織物のことです．コウゾはカジノキとヒメコウゾの雑種で日本では楮の字をあてました．

振り返って「麻紙」について考えてみると，その原料は織物の歴史から見て大麻，苧麻ということになります．特に「灞橋麻紙」は大麻が主体で，少量の苧麻が分析されています．

「蔡候紙」は榖の樹皮，麻織物のボロ，魚網が原料ですので，大麻，榖，苧麻の繊維からできています．

1.2 紙の仲間とルーツ

中国以外の国や文明発祥地では，「蔡候紙」の技術が伝わる以前にはどういう物に情報を記録したのでしょうか．紙に類する代表的な記録材料について少し触れてみます．

・古代エジプトとパピルス

パピルスはエジプトの紀元前700年ころの陵墓からパピルス文書として発見されています（図1.3）．その原料となるパピルス(*Cyperus papyrus, L.*)は，古くはナイル川上流のスーダン，ウガンダ，エチオピアあたりに自生する多年生草本で，花冠と呼ばれるほうき状の花を，丸みを帯びた三角形の茎の頂上に付けます．茎は

叢(くさむら)をなして林立し,1本の茎の太さは太いもので10 cm,高さは7〜8 mにも達します.古代エジプトの人々は,浮き島の形でナイル川を下ってエジプトに漂着し,根を下ろしたパピルスをいろいろと利用しました.茎の根元はサラダとして生食し,茎は1970年に大西洋を横断した「ラー2世号」でも世界中に知られたように[23],船などの構造材及び縄などとして使用されたほか,紙状の書写材料(一般にいわれるパピルス)に供されました.この茎は収穫期以外にも使用できるように保存,貯蔵されました[24),25)].

書写材料とするためには,パピルスの根に近いほうの無傷の茎を約60 cm切り取り,皮をはいで髄(草の中心部分にある白いスポンジ状のもの)をむき出しにします.この髄をナイフで長手方向に薄く切り,細長い薄片とします.これを外気にさらして乾かして蓄えます.この薄片を水につけてたたくようにして精選した後,幅(2.5 cmくらい)と長さをそろえます.隣どうしが1 mmぐらい重なるようにして平行に並べ,次いで同様に直角方向に並べてプレス,脱水します[26)].

パピルスは紀元前2000年代にエジプトで文字を使い始めたころ作られ,文学,科学,信仰,習慣,伝統などを書き記しました.

古代エジプトの輸出品目の第1位は亜麻布で,パピルスは貿易での通貨の役割をつとめ,大きな貿易品目の一つでした[24)].このため,パピルスの製造と流通は国家のものとなり,製法は秘密とされまし

図1.3 パピルスの巻軸 [文献22)を元に著者イラスト化]

た．

パピルスは紙を表す語の paper などの語源になっていますが，折り曲げに対して弱いことと，片面にしか書き記すことができないという欠点がありました．このため冊子本にすることができず，約 30 cm 四方のパピルス（紙）を 20 枚ぐらいつなぎ合わせて 5 m ほどの巻物としました．巻きを意味する Volume の語源は，このパピルスの巻物（ラテン語ではボリューメン）からきています．漢字の方の「巻」は，中国の帛書(はくしょ)の一巻からきています[6]．

プトレマイオス王朝時代の全盛時にはアレクサンドリア図書館に 70 万巻以上の蔵書がありましたが，シーザーによってすべて焼きつくされてしまいました[26]．

ギリシャ語で植物の髄を Bublio といい，パピルスの髄からできたパピルス（紙）に字を書いたものは biblo といわれていました．これから聖書を意味する Bible という名がでたとされています．

パピルスは 10 世紀ごろまでに完全になくなりますが，この間にいくつかの技術的な発明，改良が行われています．表面を象牙でこすって平滑化することや，小麦粉でんぷんを塗布する技術，そしてインクにアラビアゴムを加えることと，葦ペンの先を二つに割って筆記性を高めることなどで，これらは現代の製紙，印刷，筆記などにも生かされています．

・羊の皮で作る"パーチメント"

紀元前 1500 年ごろ，小アジアで羊，仔羊，仔山羊，仔牛の皮（革と違ってなめさないことが特長で，このためインキのにじみが少ない）で作るパーチメント（羊皮紙(ようひし)）と呼ばれる半透明の書写材料が出現しました（図 1.4）．

仔羊などの皮を水につけ，石灰乳に浸して不要な毛や肉を取り除

いた後，木枠に張り乾燥，水洗いをします．次いで突き出た部分を半月形の小刀で削り，軽石で磨いて表面を滑らかにします．最後に白色の鉱物の粉をすり込んで不透明化しました．

パーチメントの中でも特に表皮を付けたままの強靭なもの，あるいは仔牛の皮から作られた最良のものをヴェラム（Vellum）といって区別しました[24]．

紀元前200年ごろになって小アジアのミシアの首都ペルガモン（現在のトルコのベルガマ）で，ウメネス2世がアレクサンドリア図書館に比肩する図書館を作るためにアレクサンドリア図書館の司書長アリストファネスの引き抜きを図りました．今でいうヘッドハンティングです．

これに怒ったプトレマイオス5世はパピルスの輸出を禁止しました．そこで困ったミシアではパピルスに変わる書写材料としてパーチメントの改良，増産を行うことになりました．パーチメントの名は，この地名ペルガモンに由来します．

図1.4 パーチメント（羊皮紙）

パーチメントはパピルスと異なり折り曲げに強いため，冊子本を作ることができました．また耐久性にも優れていました．このためパピルスの禁輸後教会を中心に使用され続け，1455年かのグーテンベルグが最初に印刷した「42行聖書」の210部のうち30部はパーチメントに印刷されましたが，このためには数百頭分以上の皮が必要であったと考えられ，紙の伝来とともに次第に衰退していきます．

・棕櫚の葉に記した経文

インド，パキスタンなどでは宗教的な理由から動物の皮を書写材料として使わないため，パルミラヤシ，コリハヤシといった棕櫚に似た木の葉（貝多羅葉）に経文を記しました[6]．まだ開き始めたばかりの若い扇子状の葉を長さ50 cm，幅7 cmの大きさに切り，束ねて乾燥した後，大工さんが使うような墨壺と糸を用いて5本の線をつけ，針のような筆記具で葉の両面に文字を刻みます．すすと油を混ぜたインクを塗り込み，熱した砂でふき取って糸を通して束ねて経典としました[24]．タイではバイラーンと称するタリポットヤシの葉を用いました．いずれも4〜5世紀ごろから近年まで使われ続けましたが，中国から渡ってきた紙に次第に代用されていきました．

蔡候紙の祖先といってもよい作り方で作るものに赤道地方，オセアニアのタパがあります．メキシコやフィジーなどで土産物として売られている絵を施した薄茶色の和紙に似た風合いを持つシートがそうですが，これらは近年，観光用として作られ始めたものです．

カジノキの樹皮をはぎ取り，水につけて柔らかくした後，貝殻で外皮を削り落とします．後に残る白い靭皮繊維を木の棒でたたき，8倍から10倍にも伸ばしてシート状にします．これをキャッサバ

の根から取ったでんぷん質の汁でつなぎ合わせて衣服，部屋の間仕切りなどのインテリア，防寒用に用います[27]．

メキシコではイチジクの木の樹皮を用いてアマテと呼ばれるタパと同類の擬似紙（樹皮布）を作りますが，木灰の水溶液で煮た後，石でたたく点がタパと異なっています．これは紀元前700〜900年ごろから儀式や筆記用としてマヤ族やオトミ族（Otomi Indians）で用いられていました[24]．

・薄葉紙のモデル"ライスペーパー"

　蓪草紙(つうそうし)（ライスペーパー）は紙の仲間でも一風変わっています．ペーパー（paper）と付いてはいるものの，現在の定義からは「紙」ではありません．これは中国南部や台湾に自生するウコギ科の蓪草（Rice paper tree, *Tetrapanax papyriferum*）という落葉潅木の髄（草木の中心にある白いスポンジ質の組織）を薄く削って作ります．非常に軽く，表面はビロードのようで柔らかく白いものの，もろいシートになります．ちょうど発泡スチロールを薄くしたような感じです（図1.5）．

　冬に蓪草の幹と枝を2.5〜3 mの長さに切ります．その後，竹の棒で押し出すか，押し込んでから叩き割るかして直径25 mmほどの髄を取り出します．これを天日で乾かし7〜10 cmの長さに切り，0.5 mmの段差のある台を利用して良く切れるナイフで桂剥(かつらむ)きにして薄いシートとします．周囲を切りそろえて仕上げますが，最大でも30 cm四方です[28],[29]．

　ライスペーパーは白く彩色しやすく，加工しやすいことから造花の材料として，また吸水性が良いことから傷の手当て用（救急絆創膏(ばんそうこう)のガーゼに相当）に用いられました．中でも水彩画用紙として多く使用され，19世紀から20世紀にかけてイギリス，アメリカ，

図 1.5 蓪草紙の断面と表面

東洋で盛んに売られました．圧力をかけてさらに薄くしてから絵を描くと，水を吸収して表面が膨れて盛り上がり，おもしろい絵ができたため流行し，現在でも台湾で蓪草紙として売られています．

　稲わらあるいは米で作った紙と思われ，ライスペーパーと誤訳されたと考えられています．その後ライスペーパーという語は日本の楮から作られた紙をさしましたが，最終的には稲わらから作られた中国の手漉き紙をいうようになりました．今でもたばこの巻紙のことをライスペーパーといいますが，これはこのライスペーパーを模倣したことに由来すると考えられます．

1.3　手作りから機械化への道

・製紙の原点"手漉き"

　紀元前後に発明，開発された「紙」の製造法は，敦煌，楼蘭を経てサマルカンドに到達し，757年には桑，苧麻などを使った製紙が

始められました．次いでペルシャ，エジプトと伝わり，900年代にエジプトにおいてパピルスは紙にすべて置き換わりました．さらにアフリカの地中海沿岸を西進して1100年にモロッコに到達しました．

製紙技術は地中海を渡ってヨーロッパに伝えられ，スペインのサティバでは1150年ごろ，フランスのエローでは1189年，イタリアのファブリアーノでは1276年にそれぞれ製紙工場が作られ，製紙を始めました．その後300年くらいかかって，ヨーロッパ全土に製紙は広まっていきました（図1.6）．

中国で発祥した製紙は，大麻，苧麻から作られたボロ，魚網，カジノキの樹皮を原料としているのに対して，ヨーロッパでは亜麻で織った織物（リネン）のボロを原料としていました．その後，木綿の織り物の広がりとともに綿ボロが好んで使用されることになります．手漉き紙というと和紙を思い浮かべ，日本だけの製品と思いがちですが，中国を起点としたこれらの製紙は，すべて手漉き紙です．

アメリカでは1690年にフィラデルフィアに製紙工場ができましたが，当然これも手漉き紙の工場でした．

・**和紙の発達**

日本には朝鮮を経て600年頃に伝えられました．中国はもちろんのこと，朝鮮，日本においては手漉き紙の製法に改良を重ねていき，和紙や中国の宣紙に代表されるような優れた書写材料としての地位を確立したのに対して，ヨーロッパでは原料に恵まれなかったことと，印刷技術もなく紙の需要も少なかったため，パーチメントを超す品質の紙は作られませんでした．

日本では飛鳥時代以来，中国や朝鮮で漉かれた唐紙（からかみ）と呼ばれる紙が輸入されており，製紙術の伝来から百年ほどしてから本格的な紙

図1.6 ヨーロッパの紙漉きの様子 [文献30)を元に著者イラスト化]

の国内生産が始まります.天平年間には,筑紫,近江,越前,美濃,常陸といった地方でも紙が漉かれるようになりました.

また,現存する世界最古の印刷物とされる「百万塔陀羅尼(ひゃくまんとうだらに)」もこの時代に作られました.

平安時代に入ると官営の紙漉き場は一層拡充され,紙屋院という官立の製紙場が造られますが,この間,日本においても製紙法の一つである「流し漉き」が確立されていきます.これは手漉きを行うときにゆすりながら紙層を形成する方法で,静置して脱水する「溜

め漉き」と異なり,「ネリ」という粘性物質を併用することに特徴があります.また,日本画を描く前に,絵具のにじみをコントロールするために行う「ドウサ引き」の技術もこのころまでには発達しました.

その後,和紙は各地方で発展し,室町時代までには,一例としてあげると,備中の壇紙,楮を使った厚手の美濃紙,越前の奉書,雁皮を原料とし鳥の卵の色をした鳥の子,播磨の杉原紙,「修善寺物語」で知られる修善寺紙(これは雁皮に混ぜて初めて三椏を使用したとされています.三椏の本格的な使用は富士山麓で作られた茶褐色の駿河半紙からです.),大判の間似合紙,製紙技術的にも価値の高い泥入り鳥の子の名塩紙[31]など特徴のある素晴らしい紙が開発されます.

江戸時代に入ると,文化,生活に和紙は必需品となり多用されます.襖,障子,傘,提灯,扇子,団扇,帳簿,浮世絵,文学,学術書籍など枚挙にいとまがありません.

以降,全国で生産されていきますが,明治になって入ってきた洋紙の製造技術と官公庁で洋紙,ペンの使用を始めたことがきっかけとなって衰退し始め,大正時代には生産量は洋紙と逆転します.

・洋紙における工業化の波

一方ドイツでは,1450年にグーテンベルグが鉛合金の活字を使用した活版印刷術を完成させると,ルネッサンスとあわせて,紙,印刷物の需要が拡大しました.この需要に応じるために大量生産,工業化の波が起こりました.その初めはボロを紙用の原料とするためにたたく,いわゆる叩解機の開発です.ヨーロッパでは東洋と異なり,早くから水車,風車,牛馬といった動力を使って,スタンパーと呼ばれる木製の太い棒を上下させて叩解を行っていましたが

(現在でもオランダにある製紙メーカーでは使用しているところもあります)，1670年に回転する筒の周囲とその下にあたる部分に鉄製の刃を付けた半連続式の叩解機（ビーターといいます）が発明されました．今でもこのタイプの叩解機をオランダで発明されたことから，ホレンダービーターと呼んでいます（図1.7）．これは，1733年にフランスで本格的に使用され始めました．

その後，連続式叩解機（リファイナーと呼ばれます）はジョルダンというコニカルタイプがアメリカで1858年に，1925年にはアメリカのバウワー社がダブルディスクタイプをそれぞれ開発していき

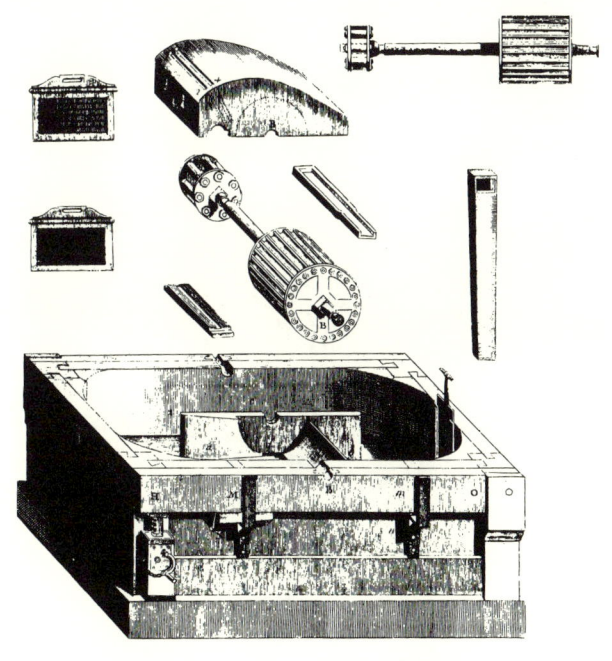

図1.7 ホレンダービーター各部[32)]

ます.

製紙用原料の処理の効率が上がり，漉き舟（手漉きを行うときに原料を水に分散させておく容器のことで，手漉き職人を含めた手漉きの一式をも意味します）の数も増えると勢いおおもとの原料が不足してきます．このため欧米の各国では埋葬用に麻，木綿製品の使用を禁止したり，強制供出させたり，ボロを収集する流通までできました．こうした事態は1800年代中ごろまで続きます．

おもしろいことに原料不足はこれほど深刻であるにもかかわらず，原料に関しては科学的な変革が行われない一方，叩解（紙の原料の処理）に続いて抄紙（紙を漉くこと）においても大きな発明がなされました．1798年，フランスのルイ・ロベールが，1枚1枚手で漉いて作る抄紙とは異なり，エンドレスの漉き網で連続的に抄紙できる長網抄紙機について特許を取得しました（図1.8）．1808年，イ

図1.8 ルイ・ロベールが発明した抄紙機[33]

ギリスのフォードリニア兄弟がこれを実用化しました．長網式抄紙機をフォードリニアマシンというのはここからきています．1809年には，イギリスのジョン・ディキンソンによって筒の周りに網を張り，この筒を回転させて抄紙する円網式抄紙機が発明されました．

1812年には抄紙機上での脱水効率を上げるサクションボックスが，フランスのヂドーによって発明されました．

1817年には，イギリスのヒースが紙に光沢をつけるカレンダーを発明しました．

1892年，イギリス・スコットランドのアール・アンド・ダブリュ・ワトソン社で，現代の高速抄紙機でも使用されている漉き網を2枚用いるツインワイヤーマシンが初めて運転されました．

さらに，1823年イギリスのクロンプトンによって，今までの木炭による直火での乾燥から蒸気乾燥する円筒が発明されました．

抄紙に関連する周辺機器も次々と開発，改良が重ねられていきます．抄紙原料の精選機械もそうで，1920年にはドイツで遠心力を利用したエルケンセーターという除塵機が開発されました．1826年には，イギリスのジョン・マーシャルがダンディーロールを創作しました．

日本では，1872年（明治5年）に創立された有恒社が翌々年60インチ（約150 cm）のイギリスから輸入した長網抄紙機で機械抄き紙の製造を開始しました．有恒社は同じ年に渋沢栄一によって創立された抄紙会社（＝社名，後に王子製紙になります）に大正に入ってから合併されることになります．

• **製紙原料の開発**

製紙原料の方は，1719年，レオミュールがスズメバチの巣（図1.9)からヒントを得て，木材を原料として紙を作るアイデアをまと

めたのが、ボロからの脱出の第一歩となります。1765年、シェッフェルがスズメバチの巣を原料にして紙を試作してから、80年後の1844年になってやっとドイツのケラーが木材をすりつぶして紙の原料（パルプ、GP）をつくる砕木機を開発しました。この砕木技術は1867年にアメリカに渡ったので、製紙技術が遅れて伝わったアメリカでは、わずか200年の間に木材原料の利用技術、製紙技術、印刷技術がまとまって入ってきました。ウィリアムズバーグで再現している製本までの工程を観ると独立戦争当時の技術がよくわかります。コットン（木綿ボロ）、リネンボロを原料とした手漉き紙に活版印刷をグーテンベルグと同じ方法で1枚1枚行い、手作業で製本します。

　一方、8世紀ごろの日本では、麻、楮、雁皮などの製紙原料を灰汁で煮る技術を確立していたのに対して、ヨーロッパでは1853年にイギリスのヒュー・バージスが木材を水酸化ナトリウム（か性ソ

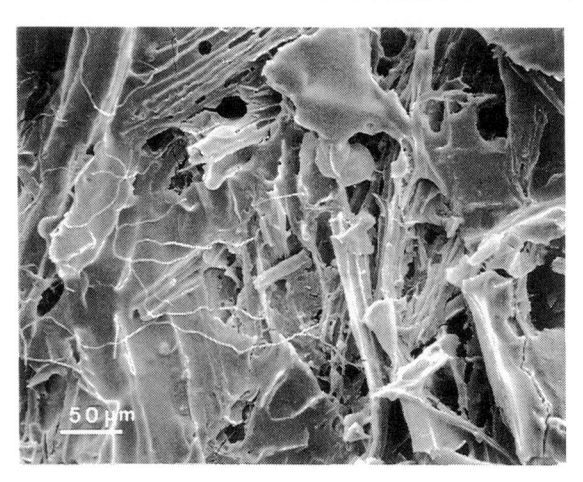

図1.9　すずめばちの巣の走査型電子顕微鏡写真

1.3 手作りから機械化への道

ーダ）で煮て繊維を取り出すまで，煮るということは行われませんでした．しかし，1867年にアメリカのティルマンによって二酸化イオウの水溶液で木材を煮る亜硫酸塩法が，さらに1885年にスウェーデンのダールによって水酸化ナトリウムと硫化ナトリウムの混合水溶液で木材を煮るクラフト法が発明されました．

パルプを白くする漂白では，1919年にアメリカで液体塩素をさらし粉の代わりにパルプの漂白剤として使用して，漂白技術の改良の引き金となりました．

1950年には，スウェーデンでクラフト法による連続蒸解が開始されました．

1960年にはアメリカのバウアー社が大型のリファイナーを開発し，リファイナーによる機械パルプ（RGP）が可能となり，1968年にはスウェーデンのデファイブレーター社が開発した，熱の力を併用するサーモメカニカルパルプ（TMP）で機械パルプの分野も大きく進展します．

これで洋紙の工業生産のための基礎技術はすべてそろったことになり，紙の大量生産，大量消費の時代に入っていきます．

2. 文化が育てた"紙",
　　紙が育てた"文化"

2.1　手漉き和紙の世界

　和紙は飛鳥時代から千年以上を経て発達，分化してきただけに，その種類は多岐にわたります．和紙の生産地は東北から沖縄まで広く分布していますが，美濃（岐阜県），越前（福井県），土佐（高知県）が良く知られています．使用する原料で分けると，楮紙，雁皮紙，三椏紙，麻紙に大別されます．

・男らしい紙"楮紙"

　楮紙は，古くは穀紙と呼ばれ，時代的にも地域的にも広く作られ，利用されてきました．楮の繊維は長く強靭なため，強く破れにくい紙になります．このため書道用としてのほか，衣食住各方面に使われます．紙のきめや肌が粗く，男性にたとえられる紙です．

　奉書紙は，時代劇にもときどき登場する将軍の命令を示した奉書に使われたところからこう呼ばれます．越前奉書が有名です．室町時代に始まり江戸時代に隆盛を極め，その後は木版画用紙などに用途変換を図っています．

　典具帖紙は，美濃で開発された極薄の紙で，土佐にも広がりました．カゲロウの羽のように薄いにもかかわらず，強く毛羽立たないため，宝石や光学レンズなどの包装紙に用いられます．和紙のちぎり絵の材料として最近注目されているほか，文化財の修復にも欠か

せない紙です．

漆器，蒔絵（まきえ）など日本の工芸に必ず登場する漆は，薄く柔らかな吉野紙（奈良県）でこされます．

昭和39年（1964年），宮中で行われた新春歌会始（お題「紙」）で佳作に選ばれた和歌山県の川崖久能氏は「渋染めの吉野の紙をしき重ね 鉢にあす塗る漆漉（うるしこ）すなり」と詠んでいます．

お祝い事の各場面で使用される白い紙のうち，クレープがついている高貴な感じの紙が檀紙（だんし）とよばれる楮紙です．平安時代には，漢字を使う男性は檀紙，かなを使う女性は陸奥紙と決まっていたようですが，その当時は奉書紙に似てしわはつけていませんでした．今の，ティッシュペーパーなどに見られるしわ（クレープといいます）は紙を機械で乾燥するとき，熱した金属の表面から紙を押し縮めるようにして引きはがすことによってつけますが，江戸時代になって始まったしわつき檀紙の場合は漉き終えた湿紙を3枚重ね，内2枚をはがすときの早くはがれたり遅くはがれたりする微妙な細かいずれを巧みに利用してつけます．3枚一緒につるして乾燥したのち，静かに2枚をはがします．ほかに，へらや型で押してしわあるいは模様をつける方法も越前などで用いられています．檀紙のいわれは，檀（まゆみ）という木を原料としたとか，檀の木の膚に似ているとか諸説ありますがはっきりしません．

京都の風物詩として賀茂川で繰り拡げられる友禅流しは白地の反物に絵柄を型染めしたときの糊を洗い流すことが一つの目的です．艶やかな振り袖や小紋の柄はデザインに基づいて数百枚の型紙に描き分けられ，1枚1枚鋭利な刃物と職人の腕で図柄に沿って切り描かれます（図2.1）．次いでこの型紙を白地の上にピンで止め染料を混ぜた糊を塗り込め，型で抜かれた部分だけを染着します．型紙は何回でも重ねたり，つなぎ合わせても絵柄にずれがこないための

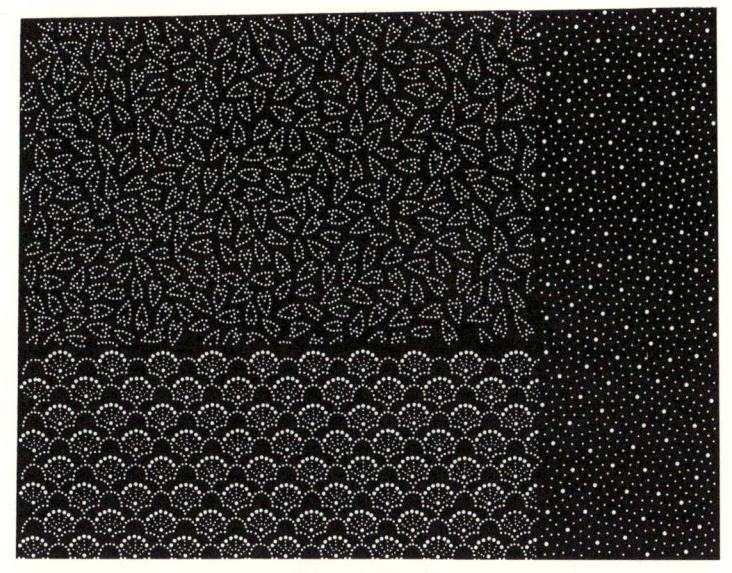

図2.1 型　紙

寸法安定性と切削しやすさ（切りやすく，丈夫で，けばが出ず，端がきれいに仕上がる），数回の使用に耐える強度が要求されます．このため，一般には楮で漉いた美濃紙に柿渋を主体とした秘伝の液を含浸させ，1枚あるいは数枚張り合わせておがくずで燻蒸して型紙用に供します．

・**紙の王者"雁皮紙"**

　雁皮紙（斐紙ともいいます）は，その繊維が短く，光沢があるために，きめの細かい，表面の滑らかなつやのある紙になります．薄く漉いてつくる薄様は平安時代から著名で，紫の上の源氏に宛てた結び文は，花の季節には，文を書いた薄紫の薄様と白の薄様を合わ

せてたたみ，桜がさねとして，桜の枝に添えられたと想像されます．本来漉かれる和紙の厚さに応じて，厚様，中様，薄様と分類されますが，薄様というと半透明で重ねると下の紙の色が透けて見える雁皮紙をさすことが多いようです．

鳥の子紙という面白い名の和紙があります．これは，雁皮の原料の色に由来する紙の色が鶏の卵に似ていたためといわれます．仮名書きに用いられるきれいな工夫を凝らす越前の料紙や，土を混ぜ込んだ名塩鳥の子といった，紙そのものでも文化的に価値のあるものがあります．

平安時代には，仮名文字の流行とともに，経文を記す豪華な装飾経に端を発する装飾紙が発展しました．このころ，書に用いる紙を料紙といいました．この装飾紙は雁皮を原料とし，装飾の仕方によって，打雲，羅文紙，飛雲，唐紙，蠟箋，墨流しと分けられました．

金屛風，蒔絵といった日本の伝統工芸に欠かせないものの一つに金箔があります．金は延展性が良いために1万分の1mmといった厚さにまでたたきのばして薄い箔にすることができます．このときに用いられる紙が箔打紙です．名塩鳥の子紙が有名で，土地（西宮）の泥，東久保土，尼子土などを漉き込んであります．金を均一に延ばすために紙を構成している繊維がランダムに配向していること，紙質自体の均一性，きめの細かさも要求されます．和紙では極めて珍しい漉き込まれた石粉（泥）は繊維間のすき間を埋めて均一性を高めるだけでなく，金を圧延するときに発生する熱を吸収する役目もあるといわれます．また虫害，火を防ぐことから間似合紙［襖の半間（約90 cm）］といって襖紙にも用いられました．

余談ですが，金箔を作るときに使用した箔打ち紙は紙自体もたたかれることによって，さらに緻密な構造になり，非常に小さな細孔

だけが残ります．この部分に人の脂が吸い取られることを利用して，女性の顔の脂を取るコスメティックペーパーに転用されます．半透明の紙ですが，紙を当てると脂が取れ，さらに透明になることで取れ具合を目で確認できます．最近では改良された現代風脂取紙が作られていますが，原理は名塩鳥の子紙と同じです．

雁皮紙自体も虫に食われないことでも有名で，保存用の和紙として使われることもありました．

・優美な紙"三椏紙"

三椏紙は，明治以降になって本格的に使用されますが，それは大蔵省印刷局で紙幣，局紙に使用してその印刷適性の良いことが認められたことが契機となりました．優美できめの細かい肌となることから，女性にたとえられます．現在は，昭和初期に柳宗悦氏が起こした民芸運動を起点とする民芸紙，便箋などに見られます．

箔打ち紙の間で薄くたたきのばされた金箔は，保存と工芸細工で使用されるときに相手（例えば漆の面）に移しやすくするために，表面が緻密でしなやかな三椏で漉いた紙の間に挟みます．これが箔合い紙です．

・最古の紙"麻紙"

麻紙は最古の紙ですが，その取り扱いが難しいことから次第に楮などに取って代わられ，一時は消滅しましたが，再興されました．繊維が長く強靭なので，繊維を刃物で短く切ってから煮熟するか，織物のボロを臼ですりつぶしてから使います[34]．紙の表面が粗いので，紙を槌で打ったり，動物の牙で磨いたりして表面を平らにしてから書き物に供したりしましたが，日本画用紙や書道用紙として見直されています．

2.2 料紙に書かれた平安時代の書

「仮名の書のみが極めて見事に発達した」と紫式部が書いたことでも知られるように，平安時代には仮名の文化が用紙の文化とともに栄えました．この書写に使用されたのが料紙と呼ばれる様々な和紙，唐紙です（図 2.2）．

この時代に書写された五大万葉集の一つである金沢本万葉集は，料紙を二つ折にして糊で張り合せた粘葉本（でっちょうぼん）として知られています．使われている紙は，唐紙の表に胡粉（ごふん）を塗り，唐草亀甲などの文様を雲母（きらともいわれます）で刷っています．また，古今集序は雲母刷りの唐紙，蠟刷りの戔（ら）をつなぎ合わせて巻物にしてあります．

中でも料紙を巧みに配した三十六人家集は有名です．紀貫之など時代を代表する歌人 36 人の私家集を 39 帖に書写したもので，各料紙のほか，切り継ぎ，破り継ぎといって料紙を重ねて切ったり，破ったりしてつなぎ，部分的に糊づけして製本してあるなど文化的な

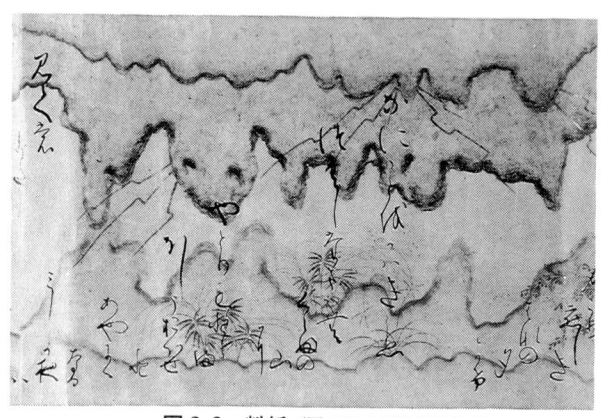

図 2.2 料紙（国立歴史民俗博物館蔵）

価値が高いとされています[35]。

打雲、羅文、飛雲といった料紙は、藍や紫に染めた雁皮紙を再び叩解して原料の状態にし、雲形、羅文、飛雲状に漉き、前に漉いた染めていない湿紙の上に重ねて1枚の紙としたものです。唐紙は中国から輸入されたことを起源としますが、平安時代に国内でも作られ始めました。紙に具引きといって胡粉を塗り目止めをした後、雲母の粉を版木で刷ったものです。その後、襖に張るようになったため、以降、襖を指すようになりました。蠟箋とは、文様を彫った版木の上に紙を載せ、上から固い物でこすって磨き、あたかも蠟で引いて文様を描いたように見えるためこの名がついたと推定されます。墨流しというのは、水の表面に松脂を用いて墨を広げてこれを紙に写し取るものです（現代でいうマーブリングです）。

2.3 歌舞伎に見る紙

演劇や映画をみると、その時代の生活における紙とのかかわりが随所に見られ、プラスチックやアルミニウムなどがなかったころの木と紙の生活を肌で感じることができます。中でも歌舞伎は伝統と厳しい伝習が守られており、紙が作り出す文化に接することができます。

例えば人形浄瑠璃、歌舞伎における三大名作の一つで1747年に大阪の竹本座で初演された[36]「義経千本桜」の三幕目渡海屋の場は、町人社会を描いている世話場ですが、障子、行燈、大福帳、実は安徳天皇である娘お安の習字の手習いをつづった手摺草子、襖、番傘、はては装束の烏帽子や髪をしばる元結といった生活の細部に至るまで紙が入り込んでいることがわかります。これらの紙はほとんど、当時楮を原料として漉かれた楮紙でしょう。

さらに舞台芸術そのものを見ると歌舞伎自身,木と竹と紙が多用されています.いずれも造形,加工のしやすさ（様々に折り曲げ,切り取ることができる）や軽いこと,こしがあること（ピンとする）ことが大きな理由でしょう.これに対してヨーロッパで発達した舞台芸術,例えば歌劇をみると「魔笛」の森の中の情景などは多くの布が使われており,木と紙の文化といわれる日本とは対照的です.

歌舞伎の舞台では特に紙がよく使われています.義経の「大物浦の場(だいもつのうら)」では深手を負った平知盛が岩の上に登り,碇(いかり)綱を我が身にしばり碇を投げて海中に没しますが,これらの造形物には和紙が用いられます.はりぼてといって型の上から和紙を貼り重ね乾かした後,型を抜いて彩色したもので,どんな形にでも作れること,軽いこと,色をつけやすいこと,割れたり欠けたりしないことといった特性が巧みに利用されています.

同じく「道行初音旅」では,忠信と静御前が全山満開の桜の中,道行きと相成るわけですが,この桜も紙で表現しています（図2.3）.

ほかに「雪暮入谷畦道」で大事な役割を演じているのが雪です.舞台の上の簀(す)の子に竹籠を下げ,これに四角形に切った白い和紙を詰めて,綱で揺り動かして雪を降らせます.紙の形状を三角形や四角形にして雪の形状の違い——粉雪,ぼたん雪などを表現するそうです.

自然界に目を転じると雪以外にもいろいろな物が空中を飛翔しています.植物はそれぞれ進化の過程で工夫を凝らし,いかにして種族を維持するかを考えた飛行用具を備え持っています.例えばカエデの種子はそのままではポトリと下に落ちるだけですので,種子の回りに三角形に似た羽根（翅）を備えています.さらにその種子は

翅の片側に寄っているので空中を落下するとき偏った重心を中心にして回転を始めます．これをオートローテーションというのだそうですが，こうすることによって滑空時間が長くなり，その分遠くへ種子がまかれることになります．東南アジア産のガンドウカズラの種子は風がなくても10mの高さから落下すると40mの距離まで滑空します[37]．

共通しているのは，三角形の変形した形で重心を少しずらしていることです．歌舞伎の雪も三角形を少し変形させると雪の降り方が変わり，また形を変えても同様に雪の降り方が変わります．このような細かい工夫が施されているのでしょう．

歌舞伎の世界には荒事と呼ばれる演出様式があります．このときの役者の出立ちには二つの大きな特徴があります．一つは仁王襷（だすき）といって太くよじった襷を背中に蝶のように結んでいることと，頭

図2.3 義経千本桜・道行初音旅の場を描いた浮世絵

(義経千本桜―四段目ノ口道行，東京都立中央図書館東京誌料文庫所蔵)

髪の元結に力紙と呼ばれる白い大きな紙を結んでいることです[38]．力紙は「暫」や「押戻」で見ることができます．相撲の力士がつける力水と同じく力紙(ちからがみ)は力をつける信仰が転じていると思われますが，舞台効果として発展したのでしょう．団十郎が首を振るたびに力紙の先が揺れて力のたぎる様子が誇張されます．

2.4 紙と建築文化

歌舞伎の舞台から察すると鎌倉時代には既に襖や障子が庶民の生活の中に溶け込んでいることがわかりますが，これらはどのようにして生まれ，桂離宮に代表される木と紙の建築文化を作っていったのでしょうか．

平安時代には「源氏物語絵巻」に見られるように貴族の邸宅の室内では屏風や布を垂らした几帳(きちょう)が取り入れられ，次第に紙張りの唐紙障子，紙張りの明かり障子が考案されていきます．特に採光を目的とした明かり障子は，それまでの板戸とは比べられない機能を有していました．板戸では，閉め切ると防寒性や安全性，防音性は高いものの，部屋の中はまっ暗となり，そうでなくても照明器具が少なくかつ照度の低い時代ですから，冬の昼などは大変不便であったと思います．もっとも紙がなかった時代は，読み書きすることもないのでそれほど困らなかったのかも知れません．しかし，紙の伝来，普及とともに，政治の世界ばかりでなく，文学，芸術の世界でも書いた物が増え，貴族社会で明るさと明かりは必要となったと思われます．ちょうどこれらの書写の発達と明かり障子が並行して発達したと考えられます．

室町，安土桃山時代に入ってくると，武家や僧侶の屋敷で書院造りと呼ばれる建築様式が発達しました．その集大成を桂離宮に見る

2.4 紙と建築文化

ことができます．桂離宮は智仁親王が創められた八条宮家の別荘で，1620年から造営され始めました[39]．建築と庭園の織りなす総合芸術性において高い評価を得，日本文化の代表の一つとされます．智仁親王は師細川幽斎より源氏物語や古今集を学び，また漢学の造詣も深く，絵画，音楽，茶道，スポーツをたしなみ，広い教養と才能の持ち主でした．この文化的教養を離宮の営みに実践していること，茶室建築にも応用していることが背景にあります．

桂離宮の古書院一の間の一間床の壁面には胡粉地に五七大桐紋が黄土ときら（雲母の粉末）で刷られた唐紙が張られています．これは鑓の間では唐紙の語源どおり襖に用いられています．縁側境には三本溝の敷居の内側に明かり障子が立っています．桂離宮をイメージする白い障子です．楽器の間は胡粉地にきらで五三の小桐紋が刷られた唐紙が使われています．また中書院の三の間には尚信と狩野三兄弟の作といわれる雪を描いた床の張り付絵と襖絵があり，雪の間といわれます．

桂離宮の池の回りに配された茶亭の一つである松琴亭の一の間の床の間と襖には，智仁親王の創意と伝えられる白と青の加賀奉書が大きな市松模様に張ってあり，意匠としても現代に通じるものがあります(図2.4)．松琴亭の茶室は本格的な侘びの囲で，遠州好みの八つ窓と評される窓があります．窓の桟は細く，美濃紙を千鳥張りしてあります．茶室の壁には腰張りと称する美濃紙の一段張りを行い，壁面の損傷防止や清浄感の高揚を図っています．茶道口に建つ襖は下張りを行わずに奉書紙を張った襖と障子の中間的なもので，その引き戸は切り込み塵落としといって金具はありません．

同時代に建てられた修学院離宮でも素晴らしい障子や襖を見ることができます．楽只軒の一の間の床と左脇の壁には狩野探幽の子探信が描いた金地に吉野山の桜の張付があります．客殿の一の間と二

図 2.4　桂離宮の加賀奉書を用いた市松模様，月字形引手と唐紙（桂離宮蔵）

の間の境の杉戸には有名な鯉が描かれていますが，室内装飾に使われる画材が板と紙と並立している時代を象徴しているといえます．

2.5　生活文化と紙

歌舞伎では，紙で作る着物（紙衣）は落ちぶれた境遇を表しますが，決めごととして布製の着物の柄に手紙の文字をあしらいます．実際の紙衣で現在でも使用される例として，東大寺二月堂の修二会の儀式があります．お水取りとして知られるこの儀式は，寒い2月20日の紙衣作りから始まります．仏教の精進と保温性の意味から修行僧は紙衣を身に着けます．楮紙を手で良くもんで柔らかくした後，竹の棒に巻きつけて押し縮めしわを付けます．これは衣類にしたときに張力に対する緩衝の役目を持つため，破れにくくなることと，表面積を増やして身体との間に空気をたくさんため，保温性を

高めるためです．次いで紙のけば立ちを押さえるために寒天を刷毛で塗り，堂内に広げて干します．乾いたら糊でつなぎ合わせて反物にした後紙衣に仕立てます．

紙衣は平安時代から使用したとされており，寒天の代わりに蒟蒻糊(にゃくのり)を塗ったり，柿渋を塗って防水，防寒性を高めることも行われました．

江戸時代には，各地で盛んに作られ，型紙で紋様を摺り込んだものなども現れました．「奥の細道」から芭蕉も着用したことが伺われます．紙衣は紙帳(しちょう)（紙製の蚊帳），紙衾(かみふすま)（蒲団(ふとん)）にも応用されました．

紙衣が漉いた和紙そのものを面で使うのに対して，細く切り，糸によってから織る紙布(しふ)というものもあります．近年，三椏紙で紙布を再興して各種の織り物を試みている例もあります．特異な例としては紙をベースにして金糸，銀糸を作り，これから佐賀錦といった豪華な織り物を作り，帯やハンドバッグなどに加工するものがありますが，これも紙布の一つといえるでしょう．

紙は加工しやすいため，歌舞伎の舞台でも多用されていますが，加工することを切る，折る，結ぶにいいかえることもできます．また，これらを組み合わせることができるのも特徴の一つです．日本の文化の中で大切な神事や祭りで神につながるといわれる紙は，楮の繊維を白くさらして作る木綿(ゆう)に取って代わったものです．神社の祓いに使う幣(ぬさ)，注連縄(しめなわ)につり下げる垂(しで)（図2.5），神楽の四方を結界する切り紙，田や厩(うまや)といった生活の各場の神様を表す御幣(ごへい)など切って使われます．

折る紙の例としては，熨(のし)や神様への供物を載せる紙から御幣，折り紙に至るまで各種あります．物を包む場合でもただ包むのではなく，そこに造形をつけ，包装機能と一体化しています．

図 2.5　紙　垂(かみしで)

　結ぶ紙としては、力紙、元結、水引があげられます．これらは、一部印刷に取って代わったり、ほかの素材で置き換えられつつありますが、日本の誇れる紙の文化の一つです．

2.6　レンブラントの紙

　北斎や歌麿の描く浮世絵が、ゴーギャンやゴッホをはじめ印象派の多くの画家に影響を与えたことはよく知られています．紙と同じく和洋を区別する絵の世界で、膠(にかわ)と岩絵具を毛筆で描く日本画は和紙を画材に使うことが多いようです．

　しかし、ピカソが越前の奉書紙を版画用紙として愛したことや、現代の版画家、洋画家の中に和紙を好む人が多いことも忘れられません．また、「トゥルプ博士の解剖学講義」が出世作となり、「夜警」などの名作で知られるオランダの画家レンブラント (1606~1669)

2.6 レンブラントの紙

は銅版画,素描に日本の紙(和紙)を数多く使ったことでも知られています.彼は,100 ギルダー(非常に高価な意味になります)版画といわれる「病をいやすキリスト」を始め,350点以上の銅版画を残しています(図2.6).

銅版画は凹版の一種で,銅版にエッチングやドライポイント,ビュランで傷や溝あるいはめくれ(burr)をつけ,そこにインクを詰め,湿しておいた用紙を置き圧力をかけてインクを紙に転移,吸収させます.このとき,用紙が乾いているとインクの吸収が悪くなります.レンブラントは当時,ドイツ,スイス,フランスで亜麻布や大麻布のボロを原料として手漉きされた紙も使っています.これらの厚手の紙(洋紙)に比べると,彼が使用した雁皮紙は,水で湿らせた前後の伸縮が大きかったようですが(これは溜め漉きと流し漉きの差と推定されます),墨一色刷りのため,大きな問題ではなかったと思われます.逆に雁皮紙は暖かい黄色をしていることと,画が単調でなくなり奥行きが出るため,銅版画の画を柔らかくする効

図2.6 レンブラントの銅版画 [㈱学習研究社編"画集レンブラント聖書新約編"]

果があり,好んで使ったようです.

この時代には各種の和紙が輸出されていたので断定は難しいのですが,鳥の子紙,厚様の雁皮紙,薄様の雁皮紙の3種類が用いられています.また,細密画の描写,素描に多くの和紙を使っていることも知られています[40]~[42].

ヨーロッパでは紙に透かし模様が入れられたので,その模様(マーク)を中心に生産地,年代の判定が行われますが,当時の和紙にはそのような技法がなく,同定は難しくなります.

日本でも北斎,広重,歌麿,師宣といった絵師の描く役者絵などが浮世絵版画となって流布しましたが,これらの木版画においては桜の木に彫った複数の版木を用いる多色刷りになるので,紙には寸法安定性が必要となります.和紙でも伸縮するため,紙を湿らせて伸びるだけ伸ばしてから使用すること,型紙にも見られるように,現代の機械抄きの洋紙に比べれば寸法安定性は良いものの,版木を彫るときには伸縮の程度を見越して型をずらすという高度な技術を使うことで精緻な画紋を寸分の狂いもなく合わせることができたのです.和紙は,木版画の場合でも,インキ(絵具)の吸収が良いことと自然な色を持っていることが特徴で,楮紙を中心に使用されています.

2.7 透 か し

紙を明かりにかざしたときに,見えてくる濃淡(白黒)で表現される文字や文様を透かしといいます.

透かしは,イタリアのファブリアーノで1282年には作られていましたので,古文書,絵画等の資料の年代推定,産地推定には有効な情報を与えてくれます.一方,19世紀半ばから発達した階調を

2.7 透かし

ふんだんに使った透かしの美術的な価値も見逃すことはできません．

この透かしは幾つかの種類に分けられます．

白透かしは，紙を透かして見たときに文字や図柄が紙の地の部分より白く透き通って見えるもので，ヨーロッパで初めて作られた透かしもこの白透かしでした．方法としては，漉き簀に針金を曲げて作った文字，文様を縫いつける（ウォーターマーク）方法や，中国で10世紀に始まった紙を圧してつける（プレスマーク）方法があります．

ウォーターマークの場合は，針金の分だけ紙料が薄くなるため，紙になっても明かりにかざすと，それだけ透明になって光が余計に目に入ってきます．

プレスマークの場合は，紙の中にある空げきが圧力でつぶされて，同様にその部分だけ透明性が増します（小さい空げきがたくさんあると光が散乱して不透明になります）．圧力を使うので，圧力のかかる面積を大きくすれば，面でも白透かしを作ることができますが，漉き簀を用いる場合には工夫が必要です．金網を文様に従って切り取り，それを漉き簀の上に置くことで面積のある白い透かしが得られることになります．このとき，簀の細かさと取りつける金網の細かさを模様に応じて変えます．

黒透かしは白透かしと逆に透かして見たときに文様が黒く見えるものです．その代表的な例でかつ美術的にも価値の高いものが日本の紙幣（日本銀行券）でしょう．黒透かしは白透かしとちょうど逆のことを行って作られます（図2.7）．

その他の透かしとしては，18世紀にイギリスで銀行券の偽造防止のために開発されたケミカルウォーターマークがあります．これは油類の透明化剤を印刷するもので，印刷された文様の部分だけが透明化し，白透かしとなります．

紙が機械で連続的に抄造されるようになると、透かしも連続的に入れられるようになりました.

ウォーターマークの応用タイプとしては、円網(まるあみ)シリンダーと呼ばれる円筒型に網を張った簀の上にマークに相当する文様を針金、金属板、樹脂などで張りつけるものがあり、白透かしの場合はそのまま、黒透かしの場合は、反転図柄をつけて2枚を抄き合わせて作ります. 日本の文化の象徴の一つである明かり障子にして光の芸術として楽しむことが行われています. 最近では、名画をデザイン化して透かし模様にした障子紙も開発されています.

また、三層を抄き合わせて真中にだけ色のついた原料を使うことにより、マーク部分が着色して透けて見えるように工夫した色透かしというものもあります.

もう一つの方法は、長網抄紙機といわれる紙を抄く機械でつける方法ですが、この場合、網自体に模様をつけることは抄紙機械の特性からできないので、この網の上に乗せる小径のダンディーロール

図2.7 黒透かし [㈱竹尾蔵]

と呼ばれる網を張ったシリンダーの上に文様をつけて紙にマークを施します.

透かしは,日本では17世紀に藩札などの偽造防止用として始まりましたが,その他は主に工芸を目的として発達してきました.ヨーロッパでは,溜め漉きで手漉きをするときに,漉き簀が二つで一組となるので,それを区別するためや,宗教的なシンボルとして発達し,漉いた工場や地名,年,注文者などがマークとして入れられました.このため,絵画,楽譜の年代決定に有効に利用されているほか,真贋決定の決め手ともなります.これは現代のお札と共通する部分があります.ただこれを逆手に取って,古本屋から当時の漉き入れ紙を買い取り,手紙や文書を偽作したシェークスピア偽作事件というおもしろい事件もあります[43].

ヨーロッパでは美術的な方面でも進歩し,多くの絵画的透かしが作られています.日本では透かしを入れることが法律で厳しく規制されている関係もあり,財務省印刷局で技術的な改良が行われています.

2.8 楽譜に秘められた紙の役割

12月になると,欧米では,ボランティアの聖歌隊が家々をまわります.風が吹いて楽譜がめくれたり,次の曲を探すためにページをめくろうとするとき,指先が冷たくて思うようにページをめくることができなかったり,目印が見つからず次の曲のページが分からなかったりで難儀をします.そこで着脱しやすい付箋,ポストイット®が開発されたことはよく知られています[44].

音楽と紙とのかかわりは意外と少ないのですが,楽譜に使用される紙は15~18世紀の音楽を調べるときに大切な役割を果たします.

当時は作曲家自身の手書きによる楽譜か写譜が基本となります．ちょうど都合よくこのころの楽譜の紙には透かし模様が入れられています．モーツァルトの「レクイエム K.626」の書き加え，バッハのカンタータ「神はわが王 BWV 71」はミュールハウゼン時代の作品であること，モーツァルトのオペラ「ドン・ジョバンニ」の一部はプラハで書かれたこと，バッハの「ヨハネ受難曲」は数回に分けて自身で改作されたことなどは，いずれも透かしマークから立証されています[45]．

現在，楽譜は紙に書いたり，印刷されますが，紙はそのほかに，フルートなどの管楽器の音孔やキーのクリーニングと滑りを良くするために使われるクリーニングペーパー，パウダーペーパーとして使われます．また，金属製の弦は防錆効果のある紙につつんで出番を待ちます．

2.9 横綱とゴルフクラブ

今，相撲が再び人気を得ています．外国での巡業も成功を収め，日本の文化が国内外で見直されているのでしょう．

日本で古来から発達してきたスポーツでは紙が重要な位置を占めています．これは紙への畏敬と関係があります．

相撲では，力水といって取組の前に，勝ち力士から水を受けます．土俵の四本柱の東西に置かれた水桶には，二つ割りにして重ねたふたの上に半紙を半分に切って，二つ折にした力紙が置かれています（図 2.8）．力士は力水で口をすすぎ，身を清めた後この力紙でふいてから，塩を土俵にまいて，チリを切ります．力紙は白い紙で，清浄無垢を表します．一場所で 200 帖の紙を使います．また，土俵入りで締める横綱の綱には垂が下がっていますし，土俵の安泰

を祈願して行われる土俵祭りのときや，部屋での稽古の後には土俵の中央に盛砂をして御幣を刺します．これらは弓道などの武道でも見ることができます．

一方，西洋と共通して使われる紙としては，弓道，アーチェリー，射撃の的，番付表，オーダー表，スコアカードなどがあります．弓道の的は，和紙を枠に糊で張り，乾燥とともに紙が縮むことを利用してピンと張るようにしますが，西洋の的は，短繊維を配合した少し厚手の紙をそのまま用います．射撃によってはワイヤーを使って選手のところに撃ち終わった的を戻します．いずれも的の見やすさ，防水性，貫通性を備えます．

相撲の番付は，力士のランキングを表すだけでなく，相撲興業の宣伝の意味も含み，各部屋から贔屓筋などに配られます．

最古のものは1699年の場所のもので，このころの番付には，1枚1枚手漉きした楮紙が使われており，米粉を紙の白さ，不透明性

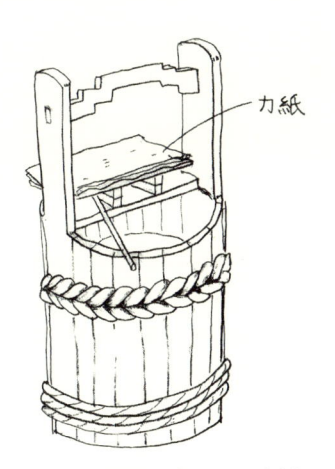

図 2.8 相撲で使われる力紙

を増すために填料(てんりょう)として漉き込んだ杉原紙と推定されています[46].木版刷りの番付けが出たのは,享保年間(1726〜1735)からです.

取組を決めるときは,割りぶれといって,和紙を張り合わせた長い巻紙の上下を東西に分けて,全力士の四股名(しこな)を書き,石を置いていきます.取組が決まると,上質の和紙(西の内紙)に一番ずつ相撲字で書き(これを割り紙といいます),行司が読んだ翌朝,呼び出しが太鼓やぐらの下に張り出します.

和紙の特性が見直されて,再び用途が広がりつつあります.和紙の原料となる繊維は,木材の繊維とは異なり,長いことが特徴の一つですが,繊維1本1本がさらに裂けるように細かく分かれるという特徴もあります.この間に骨材を入れ樹脂を含浸させて高温で成形したゴルフクラブ[47]や,同様にカーボンファイバーの代わりに和紙を使って樹脂で固めてフレームとした自転車などが開発,検討されています.

2.10 素材の良さがデザインにも

工芸,室内装飾,衣料など各方面でデザインが見直されて,新しい試みが行われています.中でも紙は人に優しい,暖かいといった特性を持つために,各分野で用いられるようになってきています.

インテリア,照明の分野では,和紙を使った新しい照明器具やタピストリ,壁紙,衝立(ついたて)といった壁面を飾る新しい紙が創作されています.大きな和紙を細く切って暖簾(のれん)状にしたり,照明を工夫して明かりに暖かみを出したり,紙の素材が持つ荒々しさを壁面に付けたりとさまざまですが,共通しているのは,画一的な冷たさがないことです.これは,和紙や素材としての紙の持つ特性で,木とともに見直されています.

音楽の分野では，パーカッションの楽器として紙で作った筒や太鼓で新しい音を生み出しているほか，今まで行われていなかった紙を裂いたり，破ったりする音や，折りたたんだりしわをつけるときの音を使った音楽が創作されています．これも人に優しい，暖かい，柔らかい音になります．

衣料の分野においても昔の紙衣と機能的には変わらないものの，新しい感覚でファッションあるいはファッションの素材を形成しています．これは布にはない素材としての特徴をデザインで引き出している例で，インテリアなどと共通します．さらに，本の装丁やステーショナリー（文具），日用品にも紙を使った新しい作品が生まれています．

また，紙をたくさん使う印刷用紙においても，情報や商品，クライアントの価値を高めるために，デザインだけでなく，デザインの一環として，あるいは素材としての紙も選択される時代になってきています．かつてはコート紙であれば良かった時代から，カレンダー，ポスター，パッケージ，ブックエディトリアルと各分野で多岐にわたる紙が使われると同時に，目や耳，手，肌に優しいものが要求され，風合い，色，光沢の嗜好がこれまでとは変わってきています．

2.11 文化財の修復

日本最大の文化財保存修理所である京都国立博物館には10年以上寝かせた膠や糊があるほか，たくさんの紙も保管されています[48]．
雁皮紙は死番虫や紙魚による虫害が少ないため，昔から永久保存用の記録紙として用いられてきました．また経本には，黄はだや紫根で染めた料紙が好んで使われましたが，これは黄色や紫色に染色

された紙の美しさだけではなく，防虫のためでもありました．事実，各地に 1000 年以上前の経文がそのままの状態で残っています．

文化財の書画の類には，写経用紙や画材としてばかりでなく，表装や補強のための裏打ちなど多くの紙が使われています．しかし，これらの保管されていた状態などによっては，修復が必要なほど，劣化や損傷さらには動物，昆虫，かびによる被害が見られます．

中でも，紙に描かれた書画の表面にはフォクシング（foxing）という現象がよく見られます．フォクシングとは，紙の上にできたシミのことで，星といわれることもあります．斑点状のシミが狐色になることからこう呼ばれます．紙を構成するセルロースが菌で分解されるとともに，生成される一種の酸と反応してフォクシングとなります[49),50)]．これは，温和な条件で漂白して消すことができます．

版画や屏風の修復を行うためには，まず裏打ち紙をはがします．このとき裏打ちに使用された糊は酵素で分解して取り除きます．虫に食われて欠落したところは，同じ紙あるいは新たに漉いて作った同種の紙で補強するとともに間をつなぐようにして埋めます．そして，傷んだ箇所や劣化した紙を交換して，表装，裏打ちなどをあらためて行います．裏打ちには，典具帳紙，美濃紙を，欠落箇所の充塡には古い奉書紙，美濃紙，麻紙を，屏風の蝶番には石州半紙をそれぞれ使用します[51)]．

また，和紙は東洋の紙を使った文化財の修復ばかりでなく，いろいろな文化財の修復に使われています．

フィレンツェで開発されたパック法はヨーロッパに多い壁画の修復で採用されています．パルプと特殊な薬品を混ぜ合わせてパッドをつくって壁画に張りつけ，和紙を張って固定します．壁面の大理石が石こうに変わったところで色彩，補強などを目的とする修復を行い，さらに炭酸アルミニウムを作用させて石灰（大理石）に戻し

ます[48].

　和紙の持つ強靭性と耐薬品性，pH などで変化しない性質は文化財の修復にとって必要不可欠です．

3. 和紙の調理ブック
―― 木の皮から和紙になるまで

3.1 和紙材料

　和紙は「ワガミ」とも呼ばれ，最近日本はもとより欧米でも注目されています．この和紙は，西暦600年ころ朝鮮半島を経由して日本に伝来した紙（伝来当時は唐紙といいました）又はそのときの紙の製造方法を源とするもので，非木材繊維を原料とし，風合いが人に優しく，繊維の特徴を生かした紙です．

　これに対して明治になって欧米からもたらされた紙，特に機械化されて作られた紙を洋紙といって区別しています．手漉きというと洋紙も始めは手漉きですし，現在でも水彩画用紙や工芸，美術的な透かし入りの紙は手漉きですが，これらは和紙とはいいません．

　機械漉き和紙というのもあり，これも和紙の範疇に入っています．また，楮，三椏，雁皮の繊維だけかというと，マニラ麻や合成繊維のレーヨンなどが含まれたものもいいますし，古くは麻紙という大麻や亜麻，苧麻を原料とするものが和紙でした．

　そうはいっても，楮，三椏，雁皮という3種類の植物の靭皮繊維を原料とする手漉きの紙が和紙の中心です（図3.1）．

　楮は桑の仲間で葉も良く似ています．三椏は，秋から冬にかけて良い香りのするジンチョウゲの仲間で枝がすべて三叉になっているのが特徴で，春に，はたきの首が下を向いた形の黄色い花らしくない花をつけます．雁皮もジンチョウゲ科の植物ですが栽培が難しく，

楮の葉　　　　　　　　三椏の幼木

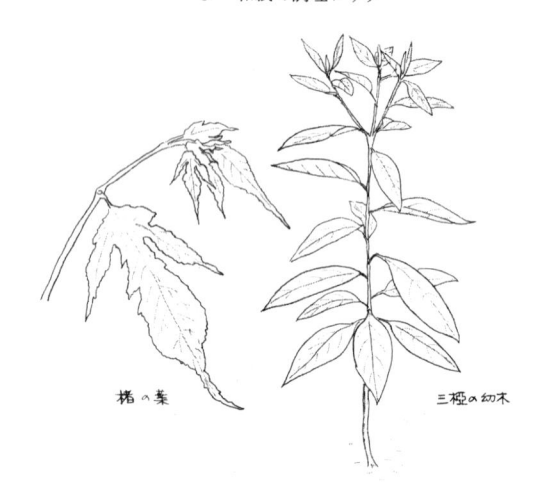

図 3.1　楮と三椏

野山に自生している木の枝を刈り取って原料にします．

　いずれもかん木で（しかし，そのままにしておくと大木になります），この枝や幹の皮，正確には外側の茶色の皮（表皮）の内にある篩部というところの繊維（靭皮繊維といいます）を紙の原料とします．このため，皮をはいで靭皮繊維だけを取り出すことが必要となります．

3.2　蒸して，煮て

　楮と三椏の場合，かまど（現在ではコンロやバーナーを用います）の上に水を張った釜鍋を置き，杉の木の枝をふたをするように並べ，その上に刈り取った枝を束にして積み，大きな樽に似た樫を逆さまにしてかぶせ，蒸気で蒸します．これをカゾムシ，カズフク

3.2 蒸して，煮て

シといいます．楮を蒸すことから転訛したのでしょう．蒸し終わったら熱いうちに皮を手早く割くようにしてはぎ取ります．雁皮の場合には生木のままはぐ生はぎにします．枝幹の刈り取りは落葉した冬に行うので，これらの作業も冬期になり，昔は農閑期の大事な仕事のひとつでした．

はぎ取った皮は束ねて竿にかけ，天日で乾燥させます．これは表皮が黒くなって付いているところから黒皮と呼ばれます．一般にはこのまま保存しますが，この黒い表皮をあじ包丁に似た刃物でそぎ取ってから乾かし，白皮までにして保存する場合もあります．

和紙を漉くときには，白皮から始める場合は，水浸けといって乾燥した白皮を1日から2日間ほど水槽につけておきます．黒皮から始める場合には水につけて柔らかくした後，黒い表皮を取り除き，同様に処理します．次に繊維と繊維の間を拡げて（膨潤といいます），といっても目には見えない大きさですが，あとで使用する薬品の浸透を良くするための湯上げを行います．水浸けした原料（白皮）を沸騰している湯の中に入れ1時間ほど煮ます．これをいったんざるに上げ，同じ釜を使って白皮に対してソーダ灰が18％，か性ソーダが1％になるように溶かしてから再び白皮を入れてふたをして1時間半ほど煮ます．このとき水の量は白皮に対して（液比といいます）約10倍量になっています．このやり方・条件は，原料の種類，状態，作ろうとする紙の色合いなどによって変えます．薬品のなかった時代あるいは昔どおりの作り方をする場合には，木灰の灰汁を使用します．また，木の根に近い部分（元）と枝の先のほうでは煮え方が違い，元のほうが煮えにくく，古い原料ほど煮えにくいので，時間などで調節します．

煮えて飴色になった皮を取り出し，少し押すように裂いてみて，網目状になっていればふたをして火を止めて3時間ほど蒸らします．

蒸らし終ったら釜上げをして，軽く絞ってからたたみ，空気に触れないようにポリエチレン袋に入れて冷暗所に一時保存します．

釜上げした（あるいは保存しておいた）原料を水槽に入れ（川など流水が良い），水が透明になるまで水洗，搾水(さくすい)（原料を手で搾(しぼ)って脱水する）を繰り返して灰汁(あく)抜きを行います．

3.3 紙砧(かみきぬた)，たたいて，たたいて

次にひとつまみの原料をとり，箸(はし)や指で丹念に表皮やごみを取り除きます．これはちり取りと呼ばれますが非常に大変な作業です．

ちり取りが終わった原料をおにぎりを作る要領で軽く絞り，木製の台の上に載せ，端から順にまっすぐに木の棒でたたきます（図3.2）．端まで行くと，たたき伸ばされた原料は長細いオムレツのようになるので，これを端から卵焼きを丸めるように指で丸めて，直角に回転させてまた同じようにたたきます．これを4,5回繰り返して，長い繊維がなくなったら和紙の原料ができあがりです．最近で

図3.2　楮の叩解（小川和紙資料館蔵）

は電動式のスタンパーという打解機やビーターという叩解機を用いる場合も多くあります．

原料をたたくことを叩解(こうかい)といいますが，この叩解の程度は，原料の水切れの度合いで表します．和紙の原料の場合，CSF という単位で 650(ml) 前後になります．

紙の原料（紙料ともいいます）となる繊維を水に分散しておき，これを細かい網や簀（細くした竹を平行に並べて編んだもので，のり巻きを作るときに使う竹簀や窓にかける簾を繊細に仕上げたものを想像して下さい）ですくいとって水をこし，繊維をシート状にすることを漉くといいます．

3.4 アンカケトロミづけ

いよいよ和紙を漉くわけですが，和紙の場合には，独特の「ネリ」とよばれるドロッとした，ちょうど片栗粉で作るとろみのような粘性のある物質を，漉くときの水の中に加えます．ネリを加えることにより，繊維を分散させておくときの繊維の沈降を防ぐことができ，水の粘性が上がるので，簀からの脱水がゆっくりになり，繊維が簀の上で均一に並ぶこと，簀への汲み取りが数回になってもうまく層が重なり合うこと，薄い紙を漉くことができること，漉き上がった紙を順次重ねて水を絞り乾燥させた後，1枚1枚にはがせることなどの特性が得られます．さらに都合の良いことには，乾かしてできあがった紙にはこの影響が残らないのです．

日本では 8〜9 世紀ころからネリが使われ始めました．黄蜀葵(とろろあおい)の根や糊空木(のりうつぎ)の皮などから作られ，ノリ，タモとも呼ばれます（図 3.3）．現代では合成ノリと称して，ポリエチレンオキサイドなどの化学合成薬品で代用することもあります．黄蜀葵は，梅雨が終わっ

たころに種を播き，11月末に根を掘り起こします．この間，花芽や余分な新芽は摘み取り，根を大きくします．大きく黄色い花は葵に似ていますが，種も含めて全体的には，野菜のオクラが良く似ています．根だけを使いますが，保存はクレゾールやホルマリンの水溶液中で行います．使用するときには，根を静かに取り出し，たわしで軽く洗って，はさみで小さな根を切ってから棒でたたいた後，水を入れたバケツの中に浸します．すると，根からドロッとした粘液がにじみ出てくるので，これを柱につるした木綿製の袋に入れてゴミを静かにこし取ります．ネリは菌と温度とせん断力に弱いので，手を入れてかき混ぜたりしないようにして扱います．

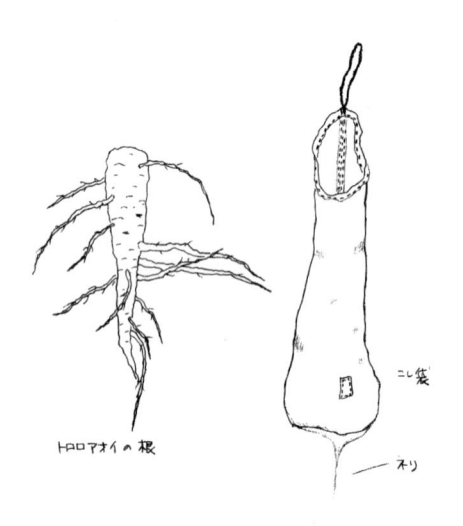

図3.3 トロロアオイの根とこし袋

3.5 バレエのように華麗な紙漉き

和紙の漉き方の一例を紹介します．

流し（シンク）を大きくしたような四角い箱（漉き舟といいます）の中に水を入れ，次いで原料を 0.2% 程度の濃度になるように加え，棒と馬鍬（マセともいいます）という大きな竹でできた櫛で 100 回程度かき混ぜて，原料の繊維を 1 本 1 本バラバラにします（図 3.4）．次にネリを入れて再び棒と馬鍬で数十回かき混ぜます．

馬鍬は上の二点が支点になってちょうどブランコのように前後に揺られます．この馬鍬をじゃまにならないように外し，紙を漉き始めます．簀を挟んだ漉き桁で握った手の小指の方を奥に向かって突き出すようにして，手前の上層の紙料液を少しすくい上げて簀を平らにした後，すぐ余分な紙料液を手前に捨てます．この初めにすくい取る液を「化粧水」，「初水（うぶみず）」といい，これでできる層が紙の表面（おもて）になるために大変重要です．おそらく肌を決定するので化粧というのでしょう．この動作を 3, 4 回素早く繰り返した後本調子に入ります．

本調子は紙本体を形成するもので，舟の奥から手前に桁一杯に汲み取り（このとき，水の重さと表面張力の強さがあるので身体を後ろに反らすようにします），一呼吸おいて，桁を前後に少し斜めに揺すります．このときネリが入っているため，和紙漉き独特のペチャンペチャンタポンタポンという音がします．水だけでは，音は軽く高音域になります．横にも数回揺すります．紙の厚みをそろえるために数回くみ取り同じことを繰り返します．

最後は桁の上の手前にきた波を 1 回奥にやり戻した後，再び波が奥に行く瞬間先のほうに放り出すようにして余分な紙料液をポンポンと捨て去ります．これを「捨て水」といいます．これも紙の表面

70　　　　　　　　　　　　3. 和紙の調理ブック

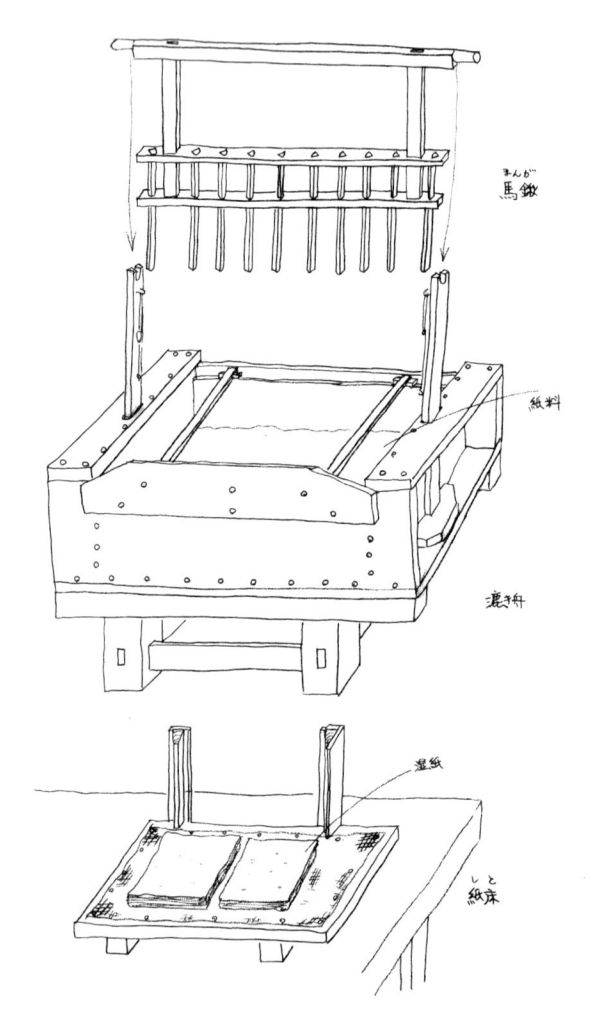

図3.4　馬鍬，漉き舟，紙床

3.5 バレエのように華麗な紙漉き

（裏面）を決めるポイントとなります．

桁の中の紙料液はこの間，水は簀の間，化粧や本調子で作られた繊維の層の間を抜けて下に流れ落ち，繊維は上に次々と堆積していきます．

水が切れたら，桁の止めを外して簀（すのこ）の上に紙層が付いたまま左手で簀の端（親木）を持ち上げ，右手で反対側の横木（天）を持ちながら，頭の上を越して反対向きになります．

ガイドの桟木に沿って左手を放し，右手を上にして手前から奥に網をかぶせるようにして紙層を下の台につけます（続けて漉いているときには前の紙の上になります）．こうしてできた湿紙の層あるいはその台を紙床（しと）といいます．次に右手で手前の簀の横木（親木）を持って奥に向かってめくるようにして簀と湿紙を離します．そのまま奥を回して横から反対向きになって漉き舟に向かいます．垂れた簀の下を払うようにして奥へ放り出すと簀の親木は元通り手前になり，簀の面だけが表裏入れ替わることになります．こうすることにより，簀の天地は変わらず，面を交互に使うので汚れなく連続し

図 3.5　漉き桁と簀

て紙を漉くことができます（図 3.5）．

3.6　高野豆腐作り?!

できあがった湿紙の重なった紙床の上に布を1枚置き板で挟んでプレスして脱水します．昔は重石を乗せたり，てこにしたりしましたが，今ではジャッキを用いて少しずつプレスして，数時間以上かけて板状にします．これはこのまま乾かします（タイミングによっては，そのまま板張りに入ることもあります）．ちょうど大きな高野豆腐状になります．こうしておけばかなりの期間保存できます．

1枚ずつの紙にするには，再びこの塊を水で湿らせた後，1枚1枚はがして板に張り乾かします．水につけたり，水をかけて湿らせた後，紙床を重ねたときと裏表が逆になるようにひっくり返し，人差し指と中指の間に紙の端を挟んでゆっくりと手前から奥に向かってはがします．これを栃の木などでできた板（昔どの家庭でもよく見かけた着物の洗い張りの板と似ています）の上にそーっと載せ，馬の尻尾毛でできた刷毛で放射状に空気を抜くようにして板に張りつけます．次いで椿の葉を指の間に挟んで表面の光沢を利用して紙の端を四方，強くこすります．これを1日陰干ししてから，天日で乾かします．こうしてできた紙はつるつるの板の面が簀の面となり，表となります．最近は，加熱した鉄板を使用して迅速に乾燥させることも行われています．

紙が乾いたら，板からはがして，化粧裁ちしてできあがりです．

4. 洋紙のレシピ
——材木から紙をつくる

4.1 コアラは紙を食べる?!

どんなものが紙の原料になるのでしょうか.

繊維状のもの,おおむね太さが 1/10 mm 以下の細長い物質であれば,植物,動物,鉱物,合成高分子,金属を問わずほとんどのものが紙になりえます.ただし,一般には木材か非木材の植物繊維ということになります.これでも範囲ははなはだ広く,樺太のツンドラや香辛料の生姜[52],あるいはメロンの茎やぶどうのつるから紙を作る例もありますが,これらを特殊な例として除くと,木材では,広葉樹のカバ,ドロノキ,ブナ,ハンノキ,ポプラ,ユーカリ(コアラがその葉を食べることで有名ですが,種類が多く紙を作るための用材には,そのうちの数種類が用いられています),マングローブ,針葉樹の赤松,ツガ,モミ,トウヒが代表的な用材です.非木材植物では,ワラ,サトウキビのしぼりかす(バガス),竹,ケナフ,マニラ麻,コットンリンター(綿の一部),亜麻が使われています.

木材を始めとして,植物の体は細胞が集まってできていますが,特に紙の原料になる植物には,細長い細胞(繊維あるいは繊維細胞といいます)が多く含まれます(図 4.1).

針葉樹の場合,主として仮道管という細胞が繊維(原料)として紙に使われ,広葉樹の場合,木繊維細胞が使われます(図 4.2).

その他の細胞も紙を作るときに入りますが量は多くありません．ただし，広葉樹では，道管要素という少しスタイルの悪い大きな細胞が含まれます．紙を印刷するときには，この道管要素は印刷のじゃまをする厄介ものです．

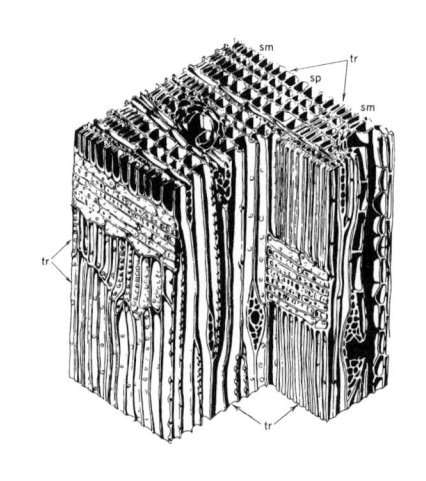

tr：仮道管（紙の原料となる繊維状の細胞）
sp：春にできた仮道管
sm：夏にできた仮道管

図 4.1　針葉樹材の組織[32]

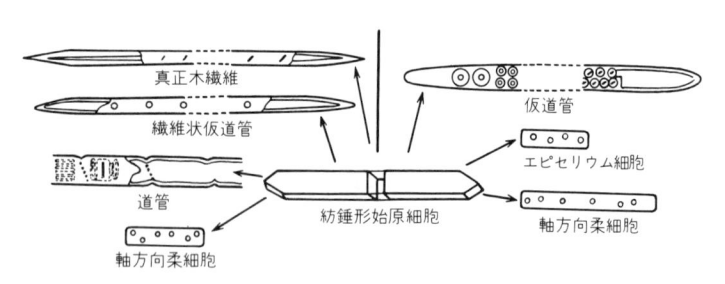

図 4.2　広葉樹(左)と針葉樹(右)の構成細胞[53]

・木の成分,紙の成分

一方,木材(植物)を分析して化学的な成分を見ると,大きく,セルロース(cellulose),ヘミセルロース(hemicellulose),リグニン(lignin)の3要素に分けられます(表 4.1).

セルロースは,グルコースがたくさん規則正しく結合した高分子多糖類で,繊維細胞を作っている主成分です.木材を鉄骨プレハブに例えると,セルロースは鉄骨に当たります.

ヘミセルロースは(ペントサンで表すこともあります),セルロースと一緒になって周辺に存在する多糖類ですが,セルロースより分子量が小さく,分子は規則正しくは並んでいません.鉄骨と壁材をとめるボルトのようなものです.

リグニンは,フェニルプロパンを骨格とする有機物が網目状に縮合した高分子で,鉄骨プレハブの壁材に相当します.このリグニンは,繊維と繊維の間の中間層と呼ばれる所に多く存在しますが,繊維の細胞壁にもたくさんあります.このためパルプにしたときに,褐色になります.

・木材ピューレ

これらの木材から,紙の原料となる繊維の集合体であるパルプをつくる方法は多数あります.

表 4.1 紙を構成する植物繊維のディメンションと化学組成[15),53)~55)]

植物名	長さ (mm)	幅 (μm)	壁厚 (μm)	全セルロース (%)	ペントサン (%)	リグニン (%)
コウゾ	6.0~ 20	25~35	2 ~3	80	10.0	2.2
亜麻	1 ~120	12~25	4 ~8	88	8.2	5.0
アカマツ	1.5~ 6.0	8~60	2.5~8	48.6~58.3	9.9~12.9	24.9~31.6
ブナ	0.5~ 1.8	13~25	2.5~6	51.9~61.2	21.3~26.2	18.3~24.2

化学的な処理でパルプを作る化学パルプ化法と機械的な処理でパルプを作る機械パルプ化法があります．もちろんこれらの組合せや中間に位置する方法もあります．

化学パルプの代表としてクラフトパルプを例に取ってみます．

このパルプは，材木の種類を選ばないこと，連続蒸解ができること，白くて強い紙を作ることができること，蒸解薬品の回収ができることなど多くの特長を有することから，1950年代から急速に利用されるようになり，現在では国内の製紙用パルプの80%はこのクラフト法によっています．

原料の木材は，主として家屋などの建築用材をとった残りの端材を使用します（図4.3）（木の種類や目的によっては木の樹皮をはいで丸ごとパルプ用とする場合もあります）．

チッパーと呼ばれる装置で大きさが3×3 cm，厚さ5 mmくらいの木片を作ります（ポテトチップと同じでチップといいます）．これはその後の化学処理での薬品の浸透を均一にかつ良くするためです．これらをたくさん集めると土山のように見えますが，実はこのチップの集まりなのです（図4.4，78ページ）

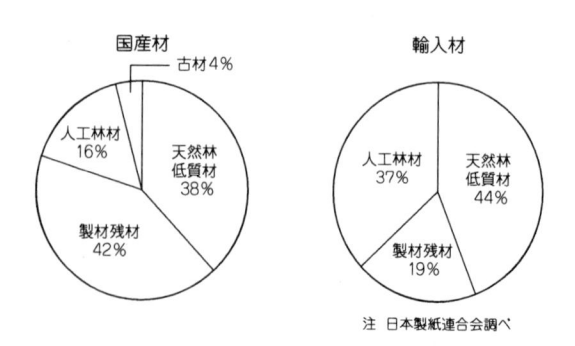

注 日本製紙連合会調べ

図4.3 パルプの原料となる木材の内訳[57]

パルプ

機械的や化学的な処理を行って，紙を作るのに必要な繊維をバラバラにして集めたもので，通常水に分散しており，その状態での外観は米でつくるお粥(かゆ)に似ています．さしずめトマトでいえばトマトピューレといったところです．シート状にして乾燥したパルプは厚いボール紙に見えます．

パルプ（pulp）は桃の果肉のような柔らかいかたまりのことで，鉱業では粉砕した鉱物に水を混ぜて泥状にしたものをいい，また，コーヒーの赤い実から果肉を取り，コーヒー豆とすることもパルプといいます．また，歯医者さんは歯髄をパルプといいます．

両大戦の間にアメリカで大量に生産された「ワイアード・テールズ誌」に代表されるパルプマガジンは表面が粗いザラ紙にキッチュな絵と内容を載せ，大衆にうけました[56]．

・クッキング

チップを蒸解釜と呼ばれる円筒形の入れ物（図 4.5, 80 ページ）.に入れ，か性ソーダと硫化ナトリウムという薬品を混ぜて加えて（これを白液といいます），さらに水と熱と圧力を加えて一定時間たつと，チップの中にあるリグニンという有機物質が溶け出してきます．この反応をさせることを蒸解，クッキングといいます．その名のとおり，家庭で行う料理とよく似ています．

蒸解の間に，リグニンが低分子化して溶け出す一方，ヘミセルロースも溶け出します．ヘミセルロースは糊のようなものですから，リグニンだけを取り除きたいのですが，そうもいきません．このため，原料チップに対して 6 割ほどがパルプになります（収率といいます）．

4. 洋紙のレシピ

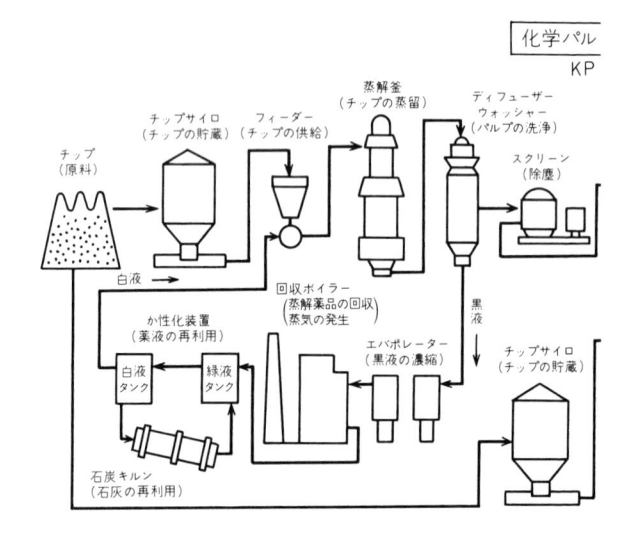

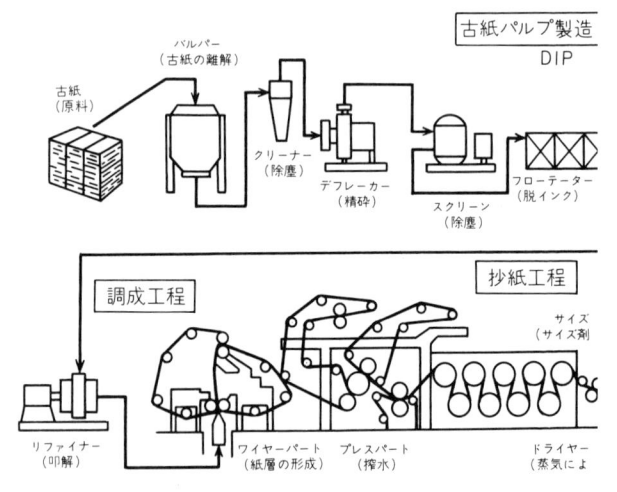

化学パルプ
KP

チップ（原料）
チップサイロ（チップの貯蔵）
フィーダー（チップの供給）
蒸解釜（チップの蒸留）
ディフューザーウォッシャー（パルプの洗浄）
スクリーン（除塵）
白液
黒液
回収ボイラー（蒸解薬品の回収・蒸気の発生）
か性化装置（薬液の再利用）
エバポレーター（黒液の濃縮）
チップサイロ（チップの貯蔵）
白液タンク
緑液タンク
石炭キルン（石灰の再利用）

古紙パルプ製造
DIP

古紙（原料）
パルパー（古紙の離解）
クリーナー（除塵）
デフレーカー（精砕）
スクリーン（除塵）
フローテーター（脱インク）

調成工程

抄紙工程

リファイナー（叩解）
ワイヤーパート（紙層の形成）
プレスパート（搾水）
ドライヤー（蒸気によ）
サイズ（サイズ剤）

図 4.4　紙・パルプ

4.1 コアラは紙を食べる?!

プ製造工程

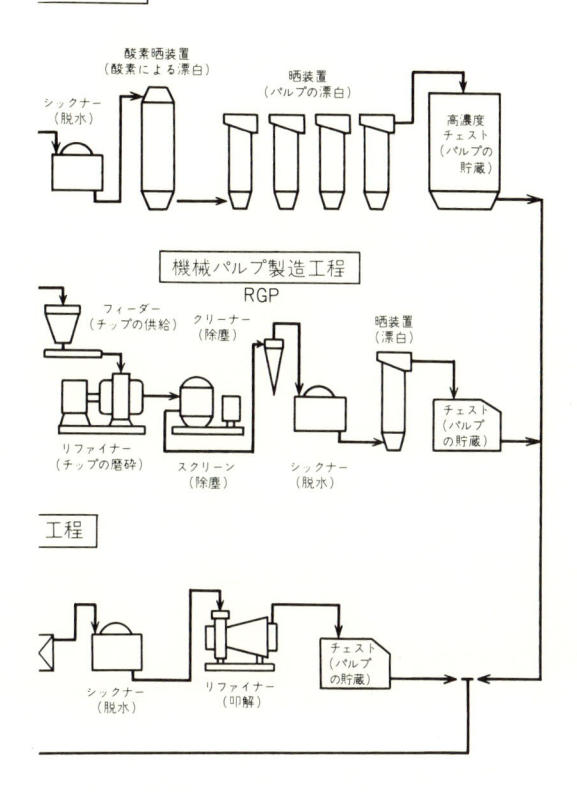

酸素晒装置
(酸素による漂白)
シックナー
(脱水)
晒装置
(パルプの漂白)
高濃度チェスト
(パルプの貯蔵)

機械パルプ製造工程
RGP

フィーダー
(チップの供給)
クリーナー
(除塵)
晒装置
(漂白)
チェスト
(パルプの貯蔵)
リファイナー
(チップの磨砕)
スクリーン
(除塵)
シックナー
(脱水)

工程

シックナー
(脱水)
リファイナー
(叩解)
チェスト
(パルプの貯蔵)

プレス
の塗布)

パート
る乾燥)
カレンダー
(光沢づけ)
リール
(巻取り)
ワインダー
(仕上げ)
製品
(巻取)

製造工程[59]

80   4. 洋紙のレシピ

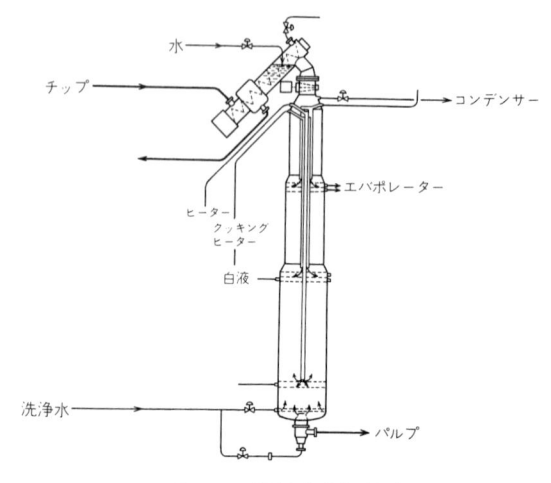

図 4.5　連続式蒸解釜[58)]

・**白くする**

　蒸解前には白かったチップが蒸解後には褐色になっています．そこでこれをよく洗い，きれいにしてから白くします．この白くすることを漂白といいますが（晒ともいいます），この工程もいくつかの種類，組合せがあります．基本的には塩素や過酸化水素の作用で白くし，アルカリで着色成分を溶かし出して少しずつ白くしていきます．一般には，塩素処理（chlorination; C と略します），アルカリ抽出（alkali extraction; E），次亜塩素酸塩（hypochlorite; H），二酸化塩素（chlorine dioxide; D）を組み合わせる多段漂白で処理します．

　また最近では，環境の問題から，できるだけ塩素を使わずに酸素の作用で白くすることが行われています［塩素処理を行わずに漂白したパルプを ECF (Elemental Chlorine Free) パルプといいます］．

漂白し終わったら再びよく洗うとパルプになります．漂白しないパルプを未晒クラフトパルプ（UKP と略します），漂白したパルプを晒クラフトパルプ，漂白クラフトパルプ（BKP と略します）といいます．そして原料の木材が広葉樹の場合，ドイツ語の Laub-holz の頭文字 L を始めにつけ，針葉樹の場合同様に Nadel-holz の N を頭につけます（図 4.6）．

・**すりつぶしたパルプ**

これに対して，機械パルプの場合はどうでしょうか．その代表として GP を例にとります．GP とは，Groundwood Pulp の略で訳すと砕木パルプということになります（図 4.7）．

GP は収率が 90% 以上と高いことと設備的に費用がかからないなどの特長をもつ一方，光やその他の環境下での着色や紙力の低下といった劣化を起こしやすいという面もあります．かさ高で不透明性，

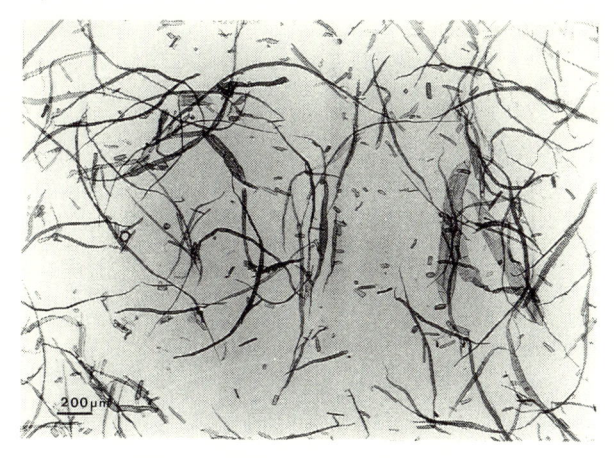

図 4.6　LBKP を水に分散した状態

吸油性が高い紙となる性質と用途特性を合わせて新聞用紙などに多量に使用されています．

この場合，木材は丸太を使用するので，まず木の表面にある樹皮をドラムバーカーやバーカーという機械ではぎ取ります．これを円柱形をしたと石（グラインダー）に平行に当てて，水をかけながら木をすりつぶすのです．ちょうど金属の表面を削るときに使用するグラインダーを木に当てたときと同じで，マッチ棒を歯でかみつぶしたような小さな木くずがたくさんできます．これをスクリーンにかけて大きすぎるものや砂などを取り除きます．これは元の木が白い場合には白いパルプになりますが（この状態でパルプになっています），そうでない場合や，さらに白さが必要とされる場合には漂白を行います．

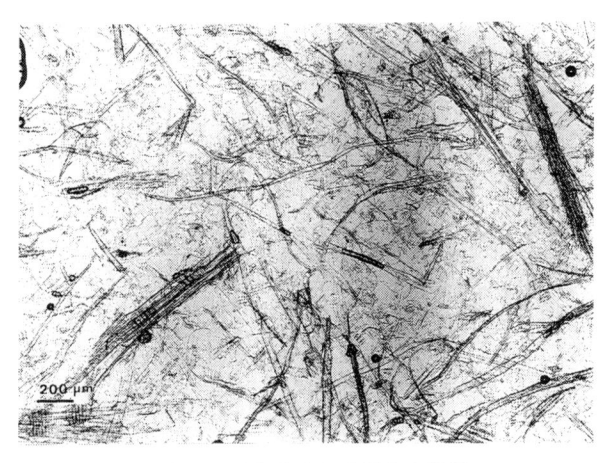

図 4.7　GP を水に分散した状態

・DIP

さて,環境問題から最近注目されている古紙を原料とする場合のDIPとはどんな物でしょうか.DIPはDe-Inked Pulpの略で脱インキ,すなわち印刷紙からインキを取り除いて再生したパルプということになります(図4.8).

新聞や雑誌の古紙には,ゴミ,ステープラの針,糊といったパルプとしては扱いにくい物や不要な物が混じっているので,まず大きなゴミなどを取り除いて,次に,温水をかけながら異物と紙の原料となる繊維に分けます.古紙を20%あるいは30~40%といった高濃度で,もむようにしてかくはんすると繊維どうしがこすれあい,インキが取れやすくなります.続いて脱インキ,漂白してパルプとします.

脱インキは,水酸化ナトリウム,水ガラス(けい酸ナトリウム),過酸化水素,界面活性剤,脂肪酸などの薬品を加えて,熟成(ソー

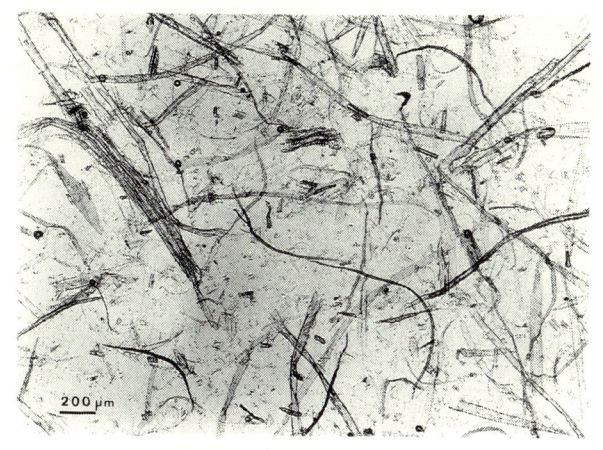

図 4.8 新聞古紙パルプを水に分散した状態

キング）して，インキを分離させた後，水洗あるいはフローテーション法（浮遊法）でインキを取り去ります．

　非木材植物から作るパルプの場合も木材の場合と基本的には同じですが，量的に少ない場合が多く，連続式よりバッチ式で良く行われます．また，リグニンが少ないので薬品処理，漂白処理も簡便です．

4.2　良くもんで，混ぜて

・**調　成**

　紙を抄く前に調成と呼ばれる工程があります．もし，パルプのままの状態で紙に抄き上げると，できあがった紙は，フワッとして，引っ張るとすぐちぎれてしまいます．また，ペンで書こうとするとペン先が引っかかるばかりでなく，インクはにじんでしまい，読みづらい文字となります．色もパルプの色そのものです．

　そこで，調成という工程で使いやすい紙になるように処理・混合をします．調成はできあがる紙にとって，とても大切な工程で，パルプの叩解（こうかい）と薬品などの混合（配合）に分けられます．

・**叩解**—たたく

　叩解というのは，パルプをたたくことを意味します．洋紙の場合，大量に処理すること，繊維が短いことの理由で木の棒でたたく代わりに，回転する金属の刃と刃の狭い間を通すことで，叩解を行います．

　パルプスラリー中の繊維は，リファイナー（連続叩解機）の刃で，あるいはまた水を介して応力が加えられます．引張り，圧縮（繊維

の軸方向,軸と直角な方向)の作用を受けます(図4.9).

すると繊維の細胞壁(繊維を部屋と見立てたとき,部屋をつくっている周りの部分)の最外壁(一次壁といいます)が部分的に取り除かれ,内側にある二次壁が露出します.二次壁内では,壁を構成するセルロースを最小単位とするフィブリル(細かい繊維状の構成体で直径は 0.1 μm 程度で,このフィブリルは細かいミクロフィブリルからなります)間にある結合を緩め(内部フィブリル化といいます),水が入り込みます(図4.10).この状態はちょうどスポンジに水を含ませたような感じになり,膨潤といいます,繊維の壁が膨潤するとともに,繊維の柔軟性が増します.

さらにフィブリルあるいはミクロフィブリルが繊維壁からヒゲのようにあるいはほうき状に裂け拡がるように出て,繊維の表面積が

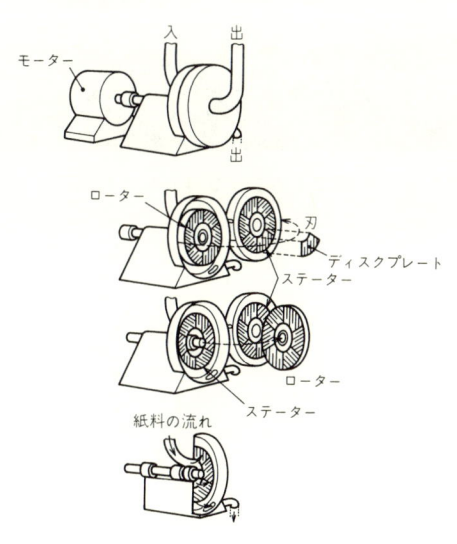

図4.9 ディクリファイナー[58]

増加します（図4.11）．これを外部フィブリル化といいます．これらの繊維の構造的，形態的変化によって，紙にしたときの抗張力，紙の強さが発現します．

ほかに一次壁を始めとする微細な繊維のかけら（切断された繊維）がファイン（微細繊維）として増加するとともに，繊維が切れ，短繊維化が生じます．

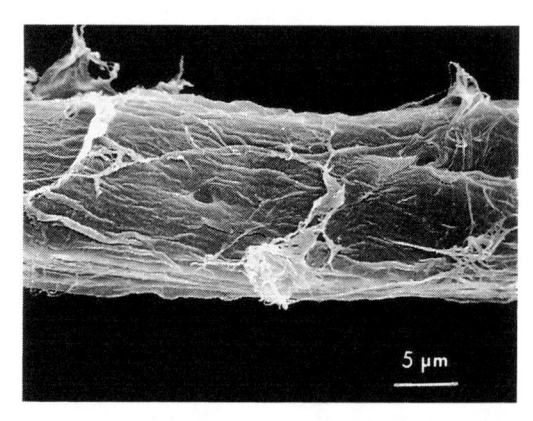

図 4.10 叩解によるフィブリル化（NBKP）の様子

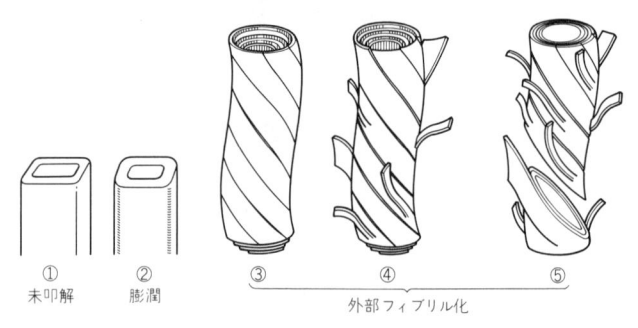

図 4.11 フィブリル化過程の模式図

4.2 良くもんで，混ぜて

このようにパルプが叩解されると，繊維どうしあるいは繊維とフィブリル，フィブリルとフィブリルといった相互関係ばかりでなく，紙層を形成するときの水の抜け具合（濾水性，drainage）が変わり，均一な紙層を形成する方向に行き，地合いと呼ばれる紙の質量の均一性が良くなります．均一性は紙を透かして見たときにいわし雲のようにムラ（フロックといいます）があるか否かということで目視されます．

リファイナーの作用は，パルプの種類，濃度，pH，流速，リファイナーの種類で変わります（図4.12）．濃度が低かったり，温度が高い場合には繊維の短小化が多く進行し，逆の場合は，内部フィブリル化が進行するため，紙の強度の発現に効果があります．特に（パルプ濃度5％以上の）高濃度叩解では，繊維壁にちぢれや繊維の折れ曲がり（キンキング）ができ，紙の強度が高くなるばかりか，紙の環境変化に対する寸法安定性が増します．

リファイナーは，連続叩解機として初めて開発されたドラム型からダブルディスクタイプまで数種類あります．形状的には，雨の日にさす傘を考えるとわかりやすいと思います．

傘を閉じた状態で骨の方向（円柱の軸方向）の表面に刃がたくさんついていて，それを抱く形で固定刃があるのが，ビーターやドラム型と呼ばれるリファイナーです．

傘を少しだけ拡げて同様に刃がついているものが，コニカル型リ

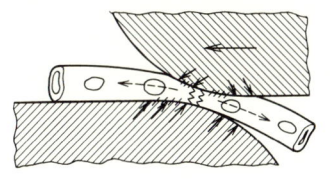

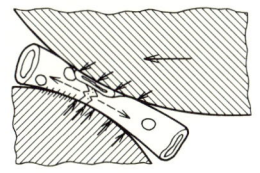

図4.12　叩解中のパルプ繊維に及ぼす刃の作用[32]

ファイナーです．これは調成の最終工程で紙料の微調整に使われるジョルダンと呼ばれるリファイナーに代表されます．さらにもう少し傘を開いたタイプがセミコニカルタイプといわれるリファイナーで，特殊紙の叩解などに用いられ，クラフリン型ともいわれます．傘を柄と直角になるまで開ききった（普通の傘では台風でも来ない限りこうはなりませんが）のがディスクタイプといわれるリファイナーです．特にディスクタイプの場合には傘でいえば表と裏，ディスクの両面に刃をつけ，それぞれ相対する固定刃を設けることもできるわけで，これが現在一般に最もよく使われているダブルディスク型リファイナーです（DDRと略して呼びます）．

さらに使用する刃の間隔，角度，広さ，ダムと呼ばれる溝のせきの数などが設計され，おのおの用途に応じて使い分けがなされています．

一般には，ドラム型は繊維の切断が少なく，コニカルあるいはセミコニカルタイプは繊維の切断が多いとされますが，刃の形状など条件によって一概にはいえません．

叩解を進めると，いいかえるとリファイナニングの時間を長くするあるいはリファイナーの負荷を（リファイナーの刃と刃の間を狭くするなどしてパルプ中の繊維に応力がかかるようにする）増大して調成したパルプを使って抄紙すると，濾水性，抄紙での水切れが悪くなり，できる紙は引張強さ，破裂強さ，耐折強さが増す一方，引裂強さが低下します（図4.13）．また紙の密度が高くなり，紙がしまってくるとともに不透明性が減少します．さらに温度の変化などに敏感に反応して紙が伸び縮みするようになります．これを一般に，寸法安定性の低下と表現します．

叩解を進める程度あるいは叩解の度合いを叩解度といいますが，これは，広義に叩解を把握するもので，叩解度は叩解時間や，叩解

機の負荷といった機械的な表現と,パルプの濾水性で表す場合があります.これは一定濃度,一定量のパルプスラリーを網でこすときの水の落下速度を,枝分かれした漏斗(じょうご)を利用して定量し,濾水度として表すものです(図 4.14).原理としては,網から

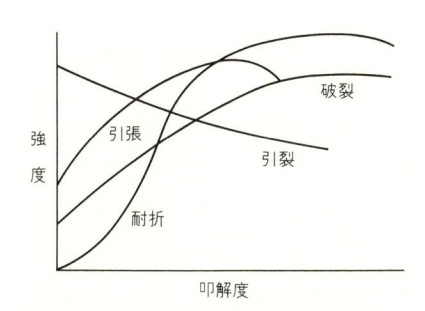

図 4.13 叩解度と力学的強度の関係[14]

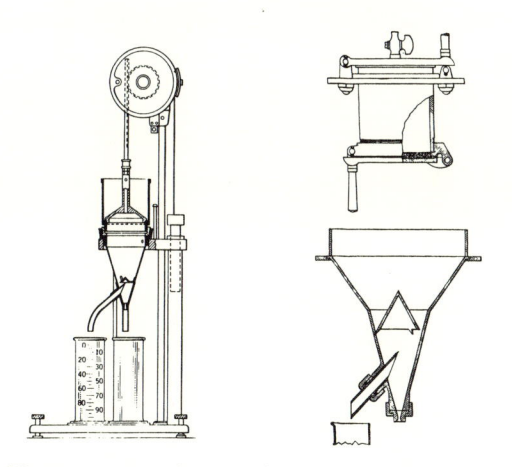

図 4.14 ショッパーリーグラーフリーネステスター(濾水度計)(左)とカナディアンスタンダードフリーネステスター[32]**(右)**

こされてくる水が速く、多量であれば、枝分かれさせている口からも水が流れてきますが、少量ずつゆっくりであれば、漏斗の真下の口からだけ水が流れることを応用します.

現在、濾水度を測るのに、次の二つの方法が標準法として採用されています.

一つは、カナダ標準ろ水度（Canadian standard freeness）試験機で $1\,l$ 中に絶乾 $3\,g$ のパルプを量り取り、決められた穴（直径 $0.51\,mm$ の穴が $1\,000\,mm^2$ 当たり 969 個ついています）のあいたプレートのついた入れ物に上下のふたをして入れます．上のコックを開けると同時に大気圧に解放されて濾水が始まります．側管から流出してきた水の量を CSF ○○ というふうに表します．叩解が進むほど、側管から流れ出る水の量が少なくなるので、CSF の数値は小さくなります.

もう一つは、ショッパーリーグラー型（Schopper-Riegler）濾水度試験機で、$1\,l$ 中に絶乾 $2\,g$ のパルプを量り取り、決められた（0.175～$0.147\,mm$ の目開き）ワイヤーのついた入れ物に円すい型のふたをした状態で入れ、ふたを引き上げて測定します．側管から流出する水の量（ml）を 1 000 から引いて 10 で割った値を °SR 単位で表します．CSF とは逆に叩解が進むほど数値が大きくなります．これはウェットネス試験機ともいわれます（図 4.15）.

製紙工場では、この測定原理をリファイナーの後のラインにバイパスで取り付け、自動バルブ開閉、洗浄、測定を行う自動フリーネスメーターが取り付けられている例もあります.

ほかに叩解度を表す測定法の一つに保水値（Water Retention Value, WRV と略します）があります．これは、繊維の細胞壁中にとりこまれた（保水された）水は一定の遠心力で脱水されないという特性を応用したもので、$0.15\,g$ のパルプを保水した状態で量

り取り，3 000 G の遠心分離を15分間行い，そのときに保水されていた水の量を絶乾パルプ質量当たりの百分率で表すものです．これは主に内部フィブリル化，膨潤度の指標として用いることができます．

また，繊維長分布，比表面積の測定などで叩解度を表すことができます．繊維長分布は，従来，メッシュの順に異なるふるいを使っておのおのに滞留するパルプ，繊維の量から算出する方法や，光学顕微鏡像から測長する方法で測定されてきましたが，最近，細いガラス管の中を繊維を1本ずつ通過させ，その間に通過する繊維の長さを光学的に読み取って多量の繊維を短時間に計測，算出する繊維長分布測定器も出現しました．これは，データ処理もリアルタイムでコンピューター処理できるので，叩解度の管理に用いられつつあ

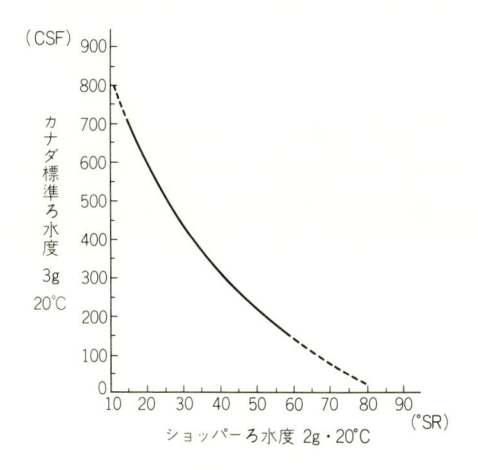

図 4.15　カナダ標準ろ水度（Canadian standard freeness）**とショッパーろ水度**（Schoprer Riegler freeness）**の関係**[10]

ります.

・**調 合**

　目的の叩解が行われたパルプ（紙料，たねと呼ばれることもあります）は，いったんチェストと呼ばれる大きな入れ物（タンクの一種）に集められます．一方，紙にするために必要な薬品及びパルプだけでは要求される紙の品質を作れないので，各性質を補う薬品類もそれぞれチェストやタンクにためられており，ポンプで運ばれて，ミキシングチェストであるいはミキシング装置（混合機）で決められた配合比率になるように，さらに必要に応じては，添加配合する時間をずらし（添加する場所を変える）ながら混ぜ合わされます．混ぜ合わされた後で，ときとしてリファイナーの1種であるジョルダンで紙料の微調整を行います．これで完成紙料（ストック）になります．

　それでは，どのように混ぜ合わせられるのでしょうか．

　まずパルプですが，今まではパルプを1種類のように扱ってきましたが，一般には，数種類のパルプを使い分け，配合します．特に針葉樹材（N材）と広葉樹材（L材）のパルプでは，特性が大きく異なり，L材は地合いが整い，N材は紙力が出るなど叩解度と合わせるといろいろ使い分けることができます（図4.16）．

　また，紙を抄くときに抄紙機上で発生するブロークと称する紙にならなかったウェットシート（組成は完成紙料と同じなので戻して使用することができます）及び紙製品を所定の寸法に裁断したときに発生する紙（両者合わせてブローク，損紙，戻紙ともいいます）を離解してあるいは水に分散し直して再使用します．

　紙状の物や，シート状になったパルプは，いずれもパルパーと呼ばれる装置でバッチ式であるいは連続式で離解されます．バッチ式

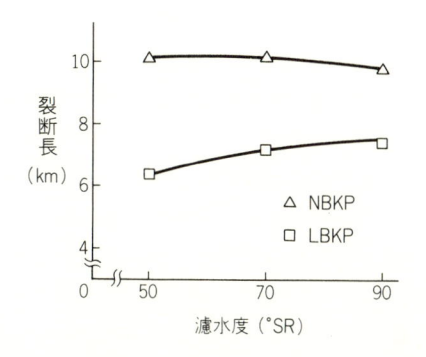

図 4.16　裂断長とフリーネス（濾水度）の関係[60]

の場合には，容器の下部についた回転羽根を高速で回転させ，回転力で繊維をバラバラにします．繊維と繊維が固着した結束繊維や，繊維がからまるようにより集まったヨレと称する小さなかたまりを作らないようにして，また，必要以上に繊維を傷めたり，フィブリル化を進行させたりしないように離解します．

　ほかにも抄紙機上で抜け落ちてくる紙料を回収して，ミキシングチェストに戻すことも行います．

　これらはいずれもパルプや完成紙料に関係するものですが，これ以外に，填料，染料顔料，サイズ剤，硫酸バンド，定着剤，紙力剤，歩留り向上剤，濾水性向上剤など，あまり聞き慣れない物質を必要に応じて配合していきます（内添といいます）．その配合比率は紙の種類，目的に応じて大きく変わります．

・填料（白い粉！）

　填料は，紙に白さや不透明性，さらには表面の平滑性，柔軟性，印刷の場合の各種適性が要求される場合に主として使用される鉱物

質の粉末です．紙に対して10〜20%程度内添しますが，紙の種類によってそれぞれ使い分けます（表4.2）．タルク，カオリンが一般に使用されます（図4.17）．タルクはけい酸マグネシウムを主成分とする鉱物（滑石）です．

クレイ（clay）は含水けい酸アルミニウムを主成分とする白い粘土（カオリナイト，ハロイサイト，セリサイトなど）の総称です．このうち，六角板状をしたカオリナイトを主成分とする白色粘土をカオリンといいます．

中性紙といわれる中性抄紙される紙には，炭酸カルシウム（石灰石）が内添されます（図4.18）．炭酸カルシウムには石灰石を粉砕した重質炭酸カルシウムと，石灰石を焼いて酸化カルシウムとした

カオリン（Kaolin）

長石類の岩石が風化してできた粘土で，中国の高陵（Kaoline）で産したところからこの名がつき，製紙用の填料としてだけでなく，陶磁器の原料にもなります．高陵は中国の有名な陶磁器の産地である景徳鎮の原料産地として知られています．

表 4.2 填料の種類と物性

種 類		組 成	粒径 (μm)	比重	屈折率	白色度 (%)
クレイ	カオリン	$Al_2O_3\ 2SiO_2\ 2H_2O$	0.1〜3	2.58	1.55	80〜90
		$Al_2O_3\ 4SiO_2\ H_2O$	2 〜5	2.84	1.55	82
炭酸カルシウム	軽カル	$CaCO_3$	0.5〜1	2.7	1.49〜1.66	90〜97
	重カル	$CaCO_3$	1 〜5	2.7	1.49〜1.66	90〜95
二酸化チタン	ルチル	TiO_2	0.2〜0.5	4.2	2.70	97〜98
	アナターゼ	TiO_2	0.2〜0.5	3.9	2.55	98〜99
タルク		$3MgO\ 4SiO_2\ H_2O$	3 〜8	2.7	1.57	70〜85

後，再び結晶化させた軽質炭酸カルシウムの二つがあります．一般に使われる結晶型はカルサイト型とアラゴナイト型です．

カルサイト型は紡錘形，アラゴナイト型は柱状の粒子になっていますが，最近では，各種の粒子形状を有する炭酸カルシウムも開発

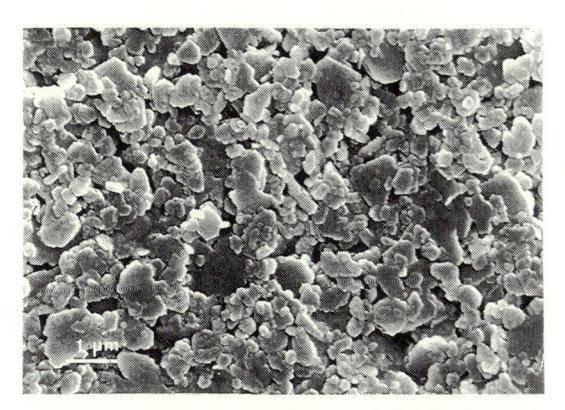

図 4.17　カオリンの走査型電子顕微鏡写真

図 4.18　炭酸カルシウム（軽質）の走査型電子顕微鏡写真

されています．

また高白色度，高不透明度が要求される場合には，二酸化チタンが填料として使用されます．新聞用紙では軽量化と高速印刷に対応するために非晶質のシリカ（ホワイトカーボン）や有機高分子製の填料が使用されています．

・にじみを止めるサイズ剤

サイズ剤は，サイズ性を付与する薬品で，パルプに対して 0.1% 前後添加します．サイズ性とは，紙への水の吸収，浸透を遅らせたり防止したりして，水系のインクのにじみを防ぐことをいい，一般には万年筆などで書いたときのにじみ程度で表されます．

酸性抄紙で使用される酸性サイズ剤と中性抄紙に用いられる中性サイズ剤があります．酸性サイズ剤には，松脂（rosin）をアルカリでけん化したけん化ロジンサイズ剤と無水マレイン酸などの不飽和二塩基酸を付加した後，けん化した強化ロジンサイズ剤があります．

これら酸性サイズ剤はそのままではパルプの繊維にくっつかない（定着しない）ので，硫酸バンドといわれる酸性のアルミニウム化合物でできた薬品をパルプに対して 2～3% 程度加えて，定着するようにします．このため酸性抄紙，酸性サイズというようにいわれます．ロジンの主成分はアビエチン酸ですが，この酸基とアルミニウムイオンで塩を作り，疎水性になると考えられています．このためサイズ効果が発現します．よって，酸性抄紙における硫酸バンドはサイズ剤の定着とサイズ性の付与の働きをします．ほかにも汚れのもととなるアニオン性物質を凝集封鎖したり，ピッチトラブル防止など，製紙にとっての万能薬となっています．

中性サイズ剤には，アルキルケテンダイマー（alkyl ketene

dymer；AKD と略します），アルケニル無水コハク酸（alkenyl succinic anhydride；ASA と略します）といった有機合成物があります．これらは，乳化した後，カチオン性（物質が水溶液中でプラスに帯電する性質）でんぷんやカチオン性の高分子で定着させます．pH 6.5～9 程度の中性領域あるいはアルカリ性領域で使用できます．中性サイズ剤はパルプに対して 0.2% 前後添加し，カチオンでんぷんは 0.5～1.0% 程度添加します．中性サイズ剤はパルプ繊維のセルロースと直接反応してサイズ性を発現します．

サイズ剤などの薬品は，内添使用されるものと，一度紙にしてから含浸あるいは塗工で使用される外添(がいてん)（表面という言葉を使うときもあります）とがあります．

・**紙の強さを増す薬品**

内添の紙力増強剤は，紙が乾いている状態での引張強さなどの紙力を補強する乾燥紙力増強剤と，紙が湿っている状態での紙力を補強する湿潤紙力増強剤に分けられます．乾燥紙力が高ければそれに応じて湿潤紙力も高くなりますが，それ以上の湿潤紙力を必要とされるときには，湿潤紙力増強剤を内添します．湿潤紙力増強剤としては各種の樹脂（resin）が用いられます．

中でもポリアミドポリアミンエピクロルヒドリン樹脂の類が使用されます．これらは，カチオン性で繊維に自己定着してセルロースと架橋して三次元的な網目構造をつくり，水の浸透を防止するとともに親水性基を封鎖するので湿潤紙力が発現するほか，他の添加薬品などの定着剤の役目も果たします．ただし，これらの湿潤紙力剤を使用して湿潤紙力を一定以上に高めると，製品あるいは半製品の紙の再利用のための離解に多大のエネルギーが必要となります．

乾燥紙力増強剤としては，ポリアクリルアミド系の高分子化合物

やカチオン化でんぷん，ジアルデヒドでんぷん，植物ガム（植物の実などから抽出する多糖類の一種）が用いられます．これらの持つアミド基や水酸基がセルロース，ヘミセルロースの水酸基と化学結合するほか，高分子間凝集力で紙の強度を発現します．しかし，水が浸入してくるとこれらの結合は放れて紙力がなくなります．中でもカチオン化でんぷんは，サイズ剤の定着，填料，微細繊維（ファイン）などの歩留り向上，紙匹（しひつ）の濾水性向上の作用を併せ持つので，広く用いられています．紙，板紙の生産量に対して約1%に当たる量のでんぷんが何らかの形で製紙用に使用，消費されています．

これら以外にも，歩留り向上剤，濾水性向上剤，染料顔料など必要に応じて各種の添加剤が内添されます．

・**染料，顔料**

染料（dye）と顔料（pigment）は，紙を着色するための有機，無機の着色剤です．特に無機顔料のうち，白色の物は填料としても使用されますが，着色顔料という場合には，これらを除きます．顔料は数マイクロメートル〜数十マイクロメートルの粒子状で，耐光性，耐薬品性が優れますが，パルプに対する歩留りが悪く，このため顔料で着色した紙の表裏で色が異なる（二面性）などの欠点もあります．これを改善するために，硫酸バンド，ポリアクリルアミドやポリアミドアミンといった定着剤（歩留り向上剤）を使用します．

紙に使われるフェロシアン化合物の群青やカーボンブラックは無機顔料ですが，色の鮮明さ，色の種類が多い有機顔料もあります．有機顔料は染料と異なり，分子中にスルフォン酸基，カルボン酸基，アミノ酸基といった可溶性基を持ちません．

染料は，水などの溶媒に溶解します．染料は染着機構，イオン性，pHなどの特性で，直接染料，塩基性染料，酸性染料，硫化染料，

蛍光染料などに分類されます．

　直接染料は，製紙用染料として最も多く使用されています（全染料の約70％）．これは長い共役二重結合を持つ細長い構造をしており，セルロースの水酸基と水素結合して染着します．このとき硫酸バンド，ぼう硝を加えることにより，染料とセルロースとの距離が縮まり，結晶化します．アゾ基が発色団となり，メトキシル基などが助色団を構成し，分子中に水酸基，スルフォン酸ナトリウム基などの可溶性基を持ち，水溶性でアニオン性を示します．

　塩基性染料は，色素イオンがカチオンである染料の総称で，直接染料についで多く使用されています．高い染料濃度を示し，鮮明な色を示しますが，耐光性，耐水性が直接染料より少し劣ります．ジフェニルメタン，トリフェニルメタン，アミン基を有するモノアゾ染料の一種で，水溶液はカチオン性を示します．

　本来，セルロースへの親和性は低いのですが，リグニンなどを含有する未晒パルプではこれらが媒染助剤となり，染着します．

　酸性染料は，たんぱく質系の動物繊維などのアミン基，カルボキシル基と染料分子のスルフォン酸基などとが静電気的に結合し染着します．直接染料に比べて耐光性，鮮明性が良いのですが，セルロースへの染着が弱いので，食用色素として認められているタール系染料を除いては，紙パルプの着色では用いられません．食品包装用紙の着色に用いられます．

　蛍光染料は，300～400 nmの紫外光を吸収して，440 nm付近の青紫色を発光（蛍光といいます）するスチルベン系の染料です．パルプの黄ばみを減少させて目に白く感じさせることから，紙の増白剤として使用されます．

　類似の効果を考慮した染顔料として，青～紫系の染顔料を添加して（青みづけといいます），紙の見た目の白さを増すことも行われ

ます．

4.3 機械で抄く

　調成工程でできた完成紙料から水を取り除いて，紙にする工程を抄紙工程といいます．手漉き和紙のところでいうと，ネリを加えてから，簀で和紙の原料を漉き上げ，紙床に移し，圧搾（プレス）して板張り，天日乾燥までの工程で，基本的には和紙でも洋紙でも手漉きでも機械漉きでも原理と工程は一緒です．和紙の場合には，紙になってからドウサを引いて，絵具などのにじみを防止したり，柿渋を塗って，耐水性を増したりしましたが，機械で作る場合，紙を乾かす工程の中間でこれらの目的の含浸塗工を行います．もちろん後から行う場合もありますが，これは加工工程として次節にまとめます．また，パーチメントに見られた，石でみがいて表面を平滑にする工程は，機械抄紙の場合，抄紙機の最後に連続してできるようにしてあります．

　抄紙工程を整理すると，アプローチ（紙を抄く直前の準備最終工程）パート，抄紙パート，プレスパート，ドライ（乾燥）パート，サイズプレスパート，キャレンダー（平滑化）パートに分けられます．特に，抄紙パートあるいは抄紙パートとプレスパートを合わせてウェットパート，ウェットエンドという場合もあります．

・アプローチパート

　紙を作るためには，たくさんの水を使うこと（1 kg の紙を作るのに 200〜500 kg の水を使います），すだれのような網を使うために水と一緒に原料や薬品の一部が網の下に抜け落ちてしまうことの二つの理由から，抄紙の各パートで水や原料，薬品さらには熱エネ

ルギーも回収して循環使用を行い，できるだけムダをなくし，効率を高めることが行われます（図 4.19）．

その一例としては，調成工程で，ブローク（回収された原料のシート，紙）及び回収した微細繊維，填料を戻して混ぜ合わせることがあったことを思い出して下さい．

アプローチパート，抄紙パート，プレスパートにおいては，紙料，水が循環します．

調成工程で混合された叩解パルプ，ブローク，填料，薬品からなる完成紙料は，マシンチェストに一時ためられます．ここからポンプを使って種箱（紙料ボックス）に移送されます．一方，紙を抄く（抄造といいます）ために 1% 以下の濃度に希釈された完成紙料は大きなポンプでストックインレットに送られます．このファンポンプの入り口は，抄紙機の網（ワイヤーといいます）の下から流れ落ちた水［白水（white water）］を集めた白水サイロ，ピットと呼

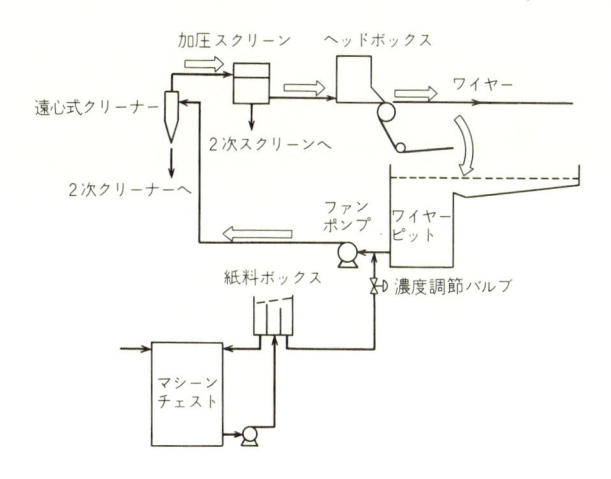

図 4.19 長網抄紙機のアプローチ系[14]

ばれる大きな受け箱とつながっています．

　種箱から出た完成紙料（紙料濃度約3%）は，濃度を一定に保つようにコントロールされながら，この白水と一緒になってファンポンプに入ります．ここで，紙料は1%以下の濃度になり，遠心力で小さなゴミや砂といった重量異物を除去するクリーナーという装置に入ります．円すい型の筒の中を高速で渦を巻きながら，上から下，そして再び上に行く間に異物だけが下にはじき飛ばされます．次に紙料はスクリーンと呼ばれる装置（篩の一種）に入り，繊維のかすや，結束繊維が取り除かれます．円筒型をしたスクリーンプレート（1.5～3 mmの孔あるいは幅0.2～0.6 mmのスリットがあけられています）の内側または外側から通過するときに，結束繊維などの除去が行われます．このクリーナーとスクリーンの間に，ポンプの脈動（圧力が周期的に変動すること）や，紙料中の細かい泡を取り除く脱気装置をつける場合もあります．

　ストックインレットは，ディストリビューター，ヘッドボックス（フローボックス），スライスからなります．このストックインレットから抄紙機のワイヤー上に紙料が噴出されます．抄造される紙の均一性は，紙料がワイヤーに着地した前後でほぼ決定してしまうので，このストックインレットは，特に重要な装置です．紙を均一にかつ目的とする質量（目方）にするためには，スライスから噴出する紙料が均一，一定濃度，一定量でなくてはなりません．

　そのためには，スクリーンを通過してきた紙料をまず，幅方向に均一な濃度，流速にしてヘッドボックスに送る必要があります．この装置がディストリビューターです．紙料が噴出され流れていく方向を流れ方向（machine direction, MD）といい，それと直交する方向（cross machine direction, CD）を幅方向といいます．幅方向の流速をそろえるために，先に行くほど細くなるヘッダーと呼ば

れるテーパー管で圧力を幅方向に一定になるようにして，この管から多くの細い管（多岐管）を立ち上げてヘッドボックスにつなげます．こうすることによって幅方向の流速を一定にすることができます．このディストリビューターには，各種のタイプがありますが，いずれも構造的，機械的に均一化を図るものです．

ヘッドボックスでは，紙料の流れを整流するとともに，フロックと呼ばれる繊維が寄り集まってできる雲状のかたまり状態を作らないようにしてスライスに送ること及びスライスから飛び出す速度を圧力をかけて補足することが行われます．圧力のかけ方が大気圧プラス紙料面の高さ（ヘッド）だけのタイプを解放型ヘッドボックス，ヘッドに空気圧をかけるタイプを密閉型（エアークッション型）といいます．密閉型のうち，ディストリビューターとスライスを一体化して整流と合わせて行うタイプとしてハイドローリックヘッドボックスがあります．抄紙スピードの高速化などに伴い，開放型では限界があるので，エアークッション型に，さらにはハイドローリック型へと移行しつつあります．

エアークッション型では整流をするため及びフロックの形成を防止するために整流ロール，スライスロールと呼ばれる多孔ロールをヘッドボックス内で回転させますが，ハイドローリック型では多孔板などに工夫を行い，ヘッドボックス内でタービュランス（かく乱）を起こし，原料を分散することが一つの特徴です．ヘッドボックスにも多くの種類，タイプがあります．

スライスは，ヘッドボックスを四角い箱に例えると，箱の下の一辺に開けられた細いスリットということになります．実際には噴出する紙料が飛び出す角度や量，幅方向の厚さ（紙料の厚さ）を変えられるように，ちょうど人の口のように上唇（トップリップ）と下唇（下リップ，またはエプロンといいます）からなります．

4. 洋紙のレシピ

・抄紙パート

　薄いお粥から，そーっとさわらないとちぎれてしまう生まれたばかりの紙の赤ん坊（湿紙）にする工程が，抄紙パートです（ワイヤーパートともいいます）(図 4.20)．機械抄紙も手漉きと基本は同じです．

　お椀に入ったお粥を小麦粉をふるうふるい（網）にあけると水やとろっとした部分が網の下に抜け落ち，網の上には良く煮えて水分をたくさん含んだ米粒が残ります．とろっとした半透明の物質を薬品，米粒をパルプ繊維に置き換えると抄紙がイメージできると思います．

　網の下に流れ落ちた液の中には繊維のかけらと薬品が水に混じっています．網の上に残った繊維は水と薬品でおおわれています．

　網は，手漉きの場合，竹ヒゴを編んだ簀ですが，機械抄紙の場合，ステンレスやりん青銅（ブロンズ）の細い線で織られた金属ワイヤーか，ポリエステルなどの高分子の糸で織ったプラスチックワイヤーになります．さらに，このワイヤーは流れ方向に連続的になるように，ちょうどベルトコンベアーのようなエンドレスになっていま

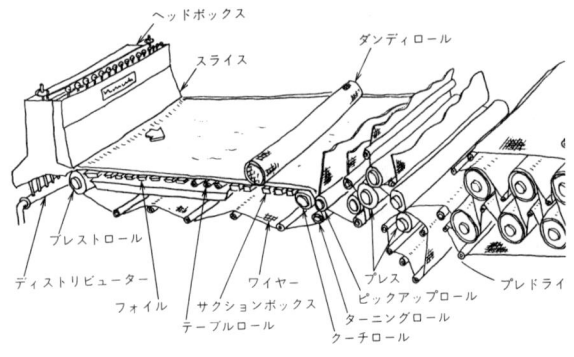

図 4.20　長網抄紙機のワ

す.

　長網抄紙機のワイヤーはロールやプラスチック製の板で水平に維持されています．まっすぐ進行して折り返し点に到達すると下にもぐるように回り，手前に戻ってきます．

　ブレストロールと呼ばれるロールの真上にストックインレットがあり，その先にあるスライスから紙料が噴出します（これをジェットといいます）．ブレストロールの先にはフォーミングボードがあり，ここを目指してジェットが飛び出してきます．ワイヤーを介してフォーミングボードの先端，あるいはその上で最初の脱水が行われ，ワイヤーの進行とともにその上の紙料は少しずつ脱水され，ワイヤー上の紙料の濃度は高くなっていきます．

　脱水の強弱や脱水速度をコントロールするために，テーブルロールと呼ばれるロール，フォイルと呼ばれる先端がとがっているプラスチックやセラミックでできた板，あるいはサクションボックスと呼ばれる吸引圧をかけて紙料から水を吸い取る箱を並べます．これらを総称して脱水エレメントといいます．クーチロールのところまでくるとワイヤーは斜め下に進行し，ターニングロールで折り返し

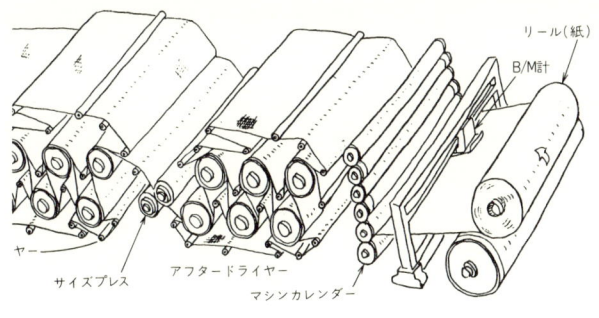

イヤーパート

ます．ワイヤーは，クーチロールとターニングロールで駆動されます．

さて，ヘッドボックス内の紙料濃度が0.5％で，1 m² 当たりの重さが60 gの紙を（坪量60 g/m²と表現します），モデル的な長網抄紙機（脱水エレメントは，フォーミングボード，フォイル，テーブルロール，サクションボックスと順におのおの配列されてクーチロールに至る機械）で抄紙する場合を考えてみましょう．

スライスリップから噴出される紙料のジェットの速度とワイヤーの走行速度の比が1の場合，ちょうど陸上競技のリレーでバトンを渡すときのように，渡すバトンと受け手のスピードが一緒の場合，リップの間隔は1.2 cmとなります．すなわち1.2 cmの厚さの水（希薄な紙料）がワイヤーの上に飛んできて着地します．このとき，ワイヤーの下にあるフォーミングボードはこの衝突のショックをやわらげるほか，できるだけ紙料中の微細繊維（ファイン）や塡料がワイヤーの上にとどまってワイヤーの下に抜けないように位置を設定します．ここで紙のワイヤーに接する第1層目が形成され，これは手漉きの化粧水同様，紙の表面を形成することになるので，重要です．ここでの脱水を初期脱水と呼びます．

続くワイヤーの下にはフォイルが多数並んでいます．そのとがった先端（先端の角度0～4°）から後ろに引っ張る力が働き，ワイヤーの上にある紙料層（マット）から少しずつ水をワイヤーの下に取り除きます．テーブルロールも同様で，ワイヤーの進行とともに回転するロールの後ろに減圧部が生じ，脱水作用を行います．

テーブルロールもフォイルもワイヤーと接触している部分では，ワイヤーの下から上に突き上げるような力がわずかに働き，その後の吸引と組み合わさり，微妙な振動のような力が働きます．これによってワイヤー上のマット（濃度が3～6％になっています）はか

く乱（マイクロタービュランス）されて，地合い（紙の均一性）が整えられて行きます．また抄紙機によってはここまでのワイヤーパート全体を水平に，幅方向に連続して揺することが行われます（シェーキングといいます）．これも地合いを整えるのが目的です．

フォイルやテーブルロールの組合せだけでは，マットから水を取ることに限界があるので，次いでサクションボックスを配して 50～150 mmHg ぐらいの圧力で吸引します．こうすることにより，マットからはさらに脱水され，濃度は 20%近くまでになります．

地合いをさらに改良するために一連のサクションボックスの間のワイヤー（実際にはマット）の上にはダンディロールというワイヤーと同じような金網を張った筒が乗せられます．マットの濃度は 15%程度になっていますが，まだ水を多く含んでいるので，マットの上から網で押さえられることにより，マット中の繊維が移動し，厚薄が減少し，地合いが整えられます．

このロールに模様をつけておくと，透かしマークをつけることができます．

最後にクーチロールというロールで仕上げの吸引脱水を行います．ここまでくると，マットを静かに引き離せば，そのままの状態を維持できます．これを湿紙（ウェットウェブ）といい，クーチロールとターニングロールの間にサクションピックアップロールというロールをつけ（このロールの上には湿った毛布が抱かれるようにして走行しています），ワイヤーから静かに湿紙をはがしとります．

マットのなくなったワイヤーは下に回り，洗浄，位置調整がされてまた始めの地点に戻ります．

ワイヤーは，金属あるいはプラスチックの糸を布のように織ったもので，織り方に変化を持たせることができます．ワイヤーの耐摩耗性が良く，使用期間が長くなるなどの理由から，プラスチックの

利用が増加しています．

　プラスチックワイヤーの場合，線径 0.15～0.3 mm の太さのポリエステル，ポリアミド（ナイロン）といったプラスチックの糸を 40～140 メッシュに織ります［1 インチ（2.54 cm）当たりに 40～140 本の糸が織り込まれています］．このとき，糸の材質，メッシュのほか，織り方（一重織り，二重織りなど）や，織りパターンを，ワイヤーの摩耗性，濡れ性，脱水性を考慮して選択します．

　ワイヤーの線径が細く，網目が細かいほど，紙の表面は平滑で，緻密な紙を抄くことができますが，脱水力が弱く，厚い紙や高速抄紙には適しません．

　マットの水は網目構造の空間及びワイヤーの上にあるマット（パルプ繊維で構成された三次元網目構造）を介して濾過，脱水されます．一般に，水はワイヤーに濡れてワイヤーの空きげ中に浸入して，取り込まれた後，このワイヤー中の水が，圧力で下に取り出されるという一連の動きで脱水されるので，紙の性質（表裏差，繊維の方向性など）と関係が深く，脱水速度は重要です．

　もう一つ，このマットから湿紙ができる（紙層形成）過程で大切なのが，紙料の留り（リテンション，retention）です．

　スライスから飛び出した紙料からワイヤーを介して脱水されると湿紙になりますが，お粥の場合も同じですが，水だけを取り除くことは難しく，ワイヤー空間の 50～600 μm 以下の大きさの微細繊維，水に溶けている添加薬品，填料がある割合で下に落ちてしまいます（リテンション○○％と表現されます）．これらは白水サイロにたまって循環しますが，この留りが高いほうが望まれます．

　ワイヤーだけでなくマットも一部濾過材になるので，どうしてもワイヤーに近い部分の方から微細繊維や填料が多く抜け落ちます．そうすると紙になったとき，ワイヤーに接していた面（ワイヤー

面）は，そうでない面（フェルト面といいます）と填料の含まれる割合が違うことになります．また，サイズ剤などは，できるだけ循環しないで，1回で繊維に定着した方がその効果を発揮しますし，そうでないと白水系統などが汚れたりします．

このため，これら微細繊維，填料，内添薬品の留りを良くすることが行われます．その方法の一つは，脱水エレメント，ワイヤーを検討して，一定の速度でゆっくりと脱水するように配列，選択することです．しかし，抄紙速度が下げられない場合には，これも限界があります．もう一つの方法は界面化学的に紙料成分を留めるものです．

パルプの繊維は，カルボキシル基の解離や水酸イオンの吸着によって，スラリー中ではマイナスに帯電（アニオン）しています．この界面動電位はゼーター電位で把握することができます．リテンションは，反対に荷電したイオンを加えるなどしてゼーター電位を0に近づけることにより，高めることができます．実際の抄紙機，ワイヤーパート，調成パートでは，力学的な作用やイオンの添加（薬品の添加）される位置，順序などが複雑に影響するので，これらを併せて考慮されています．

パルプ繊維や微細繊維，填料，サイズ剤のロジンなどは，マイナスに荷電しているので，これらを吸着させるためにカチオン（プラスに帯電）の薬品として硫酸バンドあるいは紙力増強の作用も併用させてカチオンでんぷん，カチオン化ポリアクリルアミドなどを加えます．そうすると，これらカチオン物質が介在して繊維にサイズ剤，薬品が定着するほか，填料も繊維表面に凝集してきます．

このリテンションを効果的に向上させるためには，リテンションエイドといわれる薬品あるいは薬品を組み合わせたシステムを使います．

ほかに，これらのワイヤーパートでは白水の凝集剤，防黴剤，スライム（微生物の作用でできる粘状物質）コントロール剤なども添加され，紙料の回収，マシン系の汚れ防止を図ります．

手漉きから比べると長網抄紙機（フォードリニアマシン）は画期的でしたが，紙が多量に使用されたり，紙が高速で印刷，加工されるようになると，もっと高速で，もっと高品質の紙が要求されます．

このため，高速抄紙ができ，紙に表裏差がないといった特徴をもつツインワイヤー抄紙機が開発されました（図4.21）．

ツインワイヤーとは2枚のワイヤーの間に紙料を噴射して両面から脱水を行うタイプの抄紙機で，繊維のフロックが小さくよく分散するような工夫もとられています．

ツインワイヤーマシンでは，ワイヤーの張力と脱水エレメントの作用で脱水します．これにも各種のタイプがあります．また長網抄紙機のワイヤーパート上にあるダンディロールを大きくして，ツインワイヤーの上側のワイヤーと見ることもできるオントップタイプもあります．

長網抄紙機とほぼ同じくして進展してきた抄紙機に円網抄紙機が

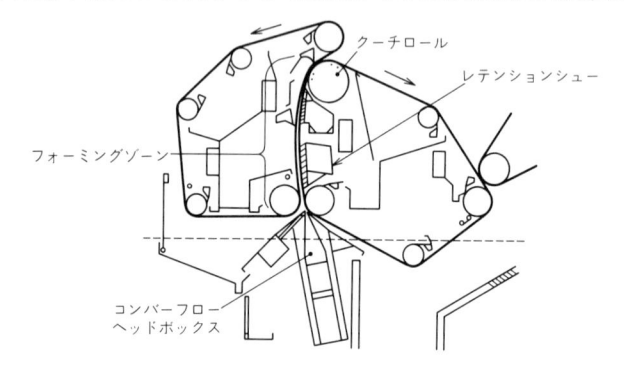

図4.21　ツインワイヤーフォーマーの一例[14]

あります（図 4.22）．これはオントップツインワイヤーの場合のダンディロールからの変形とは逆に，長網抄紙機をどんどん縮めて円筒型にしたものと考えることができます．

この円網に紙料を載せて長網同様，脱水して湿紙を形成させますが，その方法には大きく二つあります．一つは，円網の上部に長網抄紙機同様，ストックインレットを設置して，スライスから紙料を噴出させるタイプで，もう一つは，ヘッドボックスの中に円網が入ってしまったタイプです．少し変に思われるかもしれませんが，紙料液中に円網を 2/3 ほど沈めて円網を回転させると紙料から飛び出ている部分にはマットが形成されます．これを静かにピックアップすれば湿紙がとれます．

具体的には，ワイヤーを張った円筒（円網，シリンダーモールド）を 0.7% 以下の濃度にした紙料液を入れた槽（バット）の中で回転させます．水の圧力差のために水がワイヤーで濾過されながら円網の外側から内側に向かって水が流れ込んで脱水されます．このとき，紙料の流れる方向と円網の回転する方向が同じものを順流式，逆のタイプを逆流式と呼びます．抄紙する紙の坪量と地合いなど

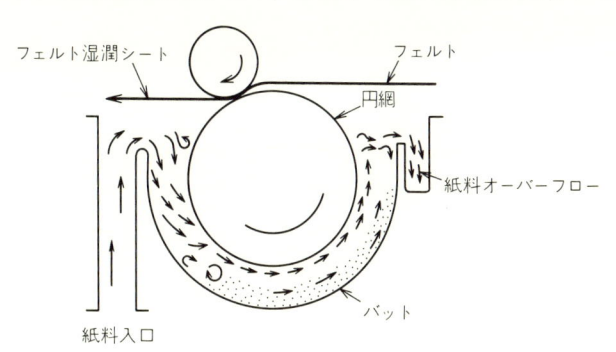

図 4.22　円網抄紙機[14]

で使い分けます．一般に円網の場合は，長網抄紙機に比べて，地合いが良く，設備が簡易ですが，抄速や抄き幅に限界があること（最大1 200 m/min，4 m程度），紙のたて/よこ比が大きいことなどの特徴もあり，機械抄きの和紙や，このシリンダーバットをいくつも直列に並べて抄き合わせ方式で抄造する高坪量の板紙の製造に使用されます（図4.23）．

これに対して回転する円網にスライスから紙料を噴出させるタイプはドライバットと呼ばれ，高速にすることができます．板紙やトイレットペーパー，ティッシュペーパーの製造に使用されています．

高速で抄造するティッシュペーパーは，傾斜したワイヤーとサクションブレストロールを組み合わせた抄紙機や，独特なツインワイヤーフォーマーなどで坪量10～20g/m²といった薄い紙を1 000～1 600 m/minのスピードで抄造します（図4.24）．

・プレスパート

プレスパートでは，ワイヤーパートから出てきた湿紙からさらに圧力をかけて押し，水を絞り取ります（圧搾します）．

クーチロール，あるいはクーチロールとターニングロールの間の

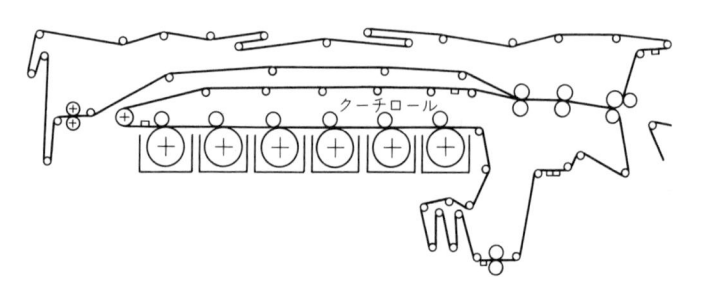

図4.23　円網抄紙機による多層抄き[14]

ワイヤーの上には，濃度が20%近くにまでなった紙料のマット（湿紙）が載っています．ここにプレスフェルトという毛布を抱いたサクションピックアップロールを接地させて，湿紙だけをワイヤーからプレスフェルトに転移させます．湿紙はフェルトの表にくっついて走り，プレスロールで搾水されます．ワイヤーからプレスロールまでの間を湿紙が走行するタイプもあり，これをオープンドローといいます．

プレスでは，圧力によって湿紙から水を絞り取る（脱水，搾水）ほか，紙の表面を平らにして，かつ紙の密度を高めることが行われます．

湿紙はプレスフェルトという毛布の上に乗ったまま2本のプレスロールに挟まれて，そのときのニップ圧（ニップとはロール間の接触面をいい，ここにかかる圧力をいいます）で加圧，脱水されます．湿紙中の水がフェルトの加圧，開放により，フェルトの方に転移して行くことで脱水されます．

プレスフェルトは，基布と呼ばれるプラスチック（ナイロン，ポリエステルなど）あるいは羊毛などとの混紡で織られた織物構造の上に，合繊（ナイロンなど）あるいは羊毛を置き，ニードリングパ

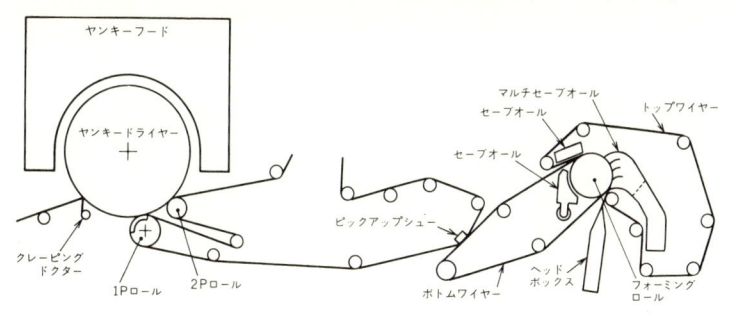

図 4.24　高速ティッシュマシン[15),32)]

ンチという方法で細い毛（糸）を植えこんだ毛布です．機械的な圧力を吸収，均一分散させるとともに，湿紙からの水の吸収，さらに圧力開放時の水の排出に適するように素材，織物構造，厚みなどをコントロールします．家庭で寝具に使う毛布とカーペットの中間のような感じの毛布で，1 m² 当たりの重さは1 kg あります．

プレスロールは，花こう岩や硬質ゴムで被覆した金属ロールでできたトップロールと，弾性ゴムで被覆した金属ロールでできたボトムロールからなります．大きな圧力がかかるため構造的にも頑丈ですが，幅方向で均一に圧力がかかるように工夫してあります．

プレスロールには，ロールに溝をつけて（グルーブドロール）排出された水が流れやすくしたベンタニッププレスや，ロールに穴をつけて内部から吸引して排出するサクションプレス，プレスニップを広げプレス効果を高めるエクステンデッドニッププレスなどのロール方式があります．

また，プレスは1回のパス（通過）だけでなく，数回に渡ってプレス搾水されます．このため，プレスの形式は各種あります．ピックアップロールが1 P ロールを兼ねるタイプ，湿紙のワイヤー面が2回ストーンロールに当たって，ワイヤー面の改善が図られるタイプ，1番目のプレス（1 P と略します）がダブルフェルトで湿紙の両側から脱水するタイプなどがあります．

湿紙は，ワイヤー上にある細くした水のシャワー（耳切りノズルと呼ばれます）で湿紙の両耳を切り離します（トリミング）．この部分はプレスパートの途中でクーチピットと呼ばれるプレスの下にある大きな入れ物の中に落とされて，再び水に分散されて調成工程に戻されます．

湿紙はプレスパートを通過した後には，濃度が60％くらいまでになっています．

・ドライパート

プレスパートを出た湿紙の水分は40〜60%になっています．これを加熱，乾燥して水を蒸発させる工程がドライパートです（図4.25）．

ドライパートには，回転する直径1〜2mの数十本の大きな円柱状の空洞の筒（シリンダー）があり，中に加熱した蒸気を吹き込んでシリンダー（ドライヤーシリンダー）を加熱し，このシリンダーに湿紙を抱かせ，さらにその上を毛布（キャンバス，ドライフェルト）で抱かせて湿紙を順に連続して乾かしていきます．

このように，たくさんのシリンダーを並べて，紙の両面を交互に少しずつ乾燥していくタイプのドライヤーを多筒ドライヤーというのに対して，直径3m以上の大きな筒（というよりもブラスバンドの大太鼓を大きくしたようなイメージの方がピッタリします）に湿紙を貼りつけるようにして半周回転（進行）する間に目標とする紙の水分にまで乾かしてしまうタイプをヤンキードライヤーといいます．このタイプは湿紙がドライヤー表面から一度も離れることなく乾燥されることから，紙の片側表面が平滑（光沢）になること，寸法安定性が良いこと，クレープ（しわ付け）加工がドライヤー出口でできることなどの特徴をもちます．これらの特性を使って，機

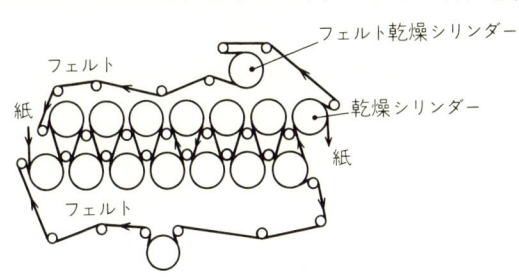

図4.25 抄紙機ドライパート[16]

械抄き和紙，包装紙，ティッシュペーパーの製造に用いられます．

多筒ドライヤーは，シリンダーが上下に数種に分かれて並んでいます．各部の上段あるいは下段だけをひとまとめにして各1枚のプラスチック製のキャンバス（ポリエステル糸やナイロン糸で織られたエンドレスの織物）が，各シリンダーの上半分あるいは下半分を抱くように走行しています．このキャンバスをシリンダーとシリンダーの間で支えているロールをキャンバスロールといいます．

湿紙は，まず低い温度のシリンダーを通って予備加熱され，徐々に 60～150℃ までの温度に加熱します．湿紙はドライパートに入ると上下の各シリンダーの間を 8 の字を描くようにして上下それぞれキャンバスで抱かれながら進行して行きます．蒸発した水は，キャンバスを介して外に放出されるとともに，キャンバスロールのあるポケットと呼ばれるところに空気と一緒に流れ込んできます．

そこでこのポケット内に熱風を吹き込んで湿った空気を外に出すことや，キャンバスロールの内部から熱風を送り出したり，ポケットに湿った空気が入り込んだり，滞ったりしないような各種の工夫を凝らし，乾燥効果を高めます．

湿紙から自由水が蒸発し，さらにフィブリル間の細かいところに入り込んだ水まで蒸発させた後，結合水まで除去されることになります（図 4.26）．

ドライヤーパートを出るときには，もう湿紙ではなく，紙になっており，紙の水分は 3～8% になります．

・サイズプレスパート

ドライパートの最終ドライヤー群の手前にサイズプレスと呼ばれる装置を設置することがあります．

サイズについては，内添サイズ剤を添加してサイズ効果を発現さ

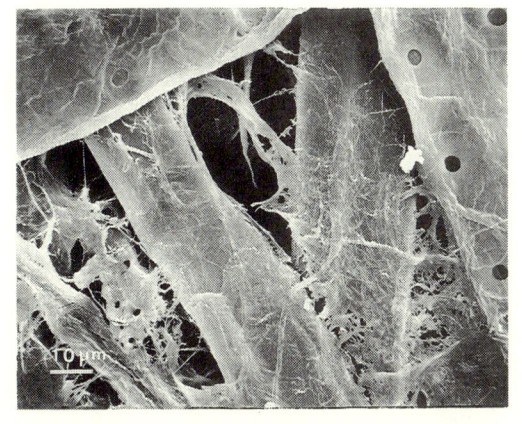

図 4.26　叩解パルプのシート形成状態

せる方法がありますが，もう一つ，表面サイズという方法もあります．表面サイズにもこのサイズプレスのほか，カレンダータブサイズといったいくつかの方法がありますが，最も一般的な装置がサイズプレスと呼ばれるものです．

これは2本のロールの間に形成されるニップで表面サイズ液を含浸，塗工するものです．通常2本のロールが水平あるいは傾斜して設置されており，その2本のロールの間に調製した表面サイズ液を満たし，この間に紙を通します．紙はまずたまっている液につかり，直ちにニップで絞られます．こうすることによって一定量の表面サイズ液が含浸塗工されます．再び湿紙となった紙はドライヤー群に入り（アフタードライヤーといいます），乾燥されます．

ロール2本が水平に配置されたサイズプレスのタイプを水平型（horizontal），傾斜したタイプをインクライン型（inklined）といいます．また，3本ずつのロール（合計6本）を使って高濃度の液を塗工するタイプの装置をゲートロールコーターといいます．いず

れもオンマシン塗工装置（on machine coater）の一種で，これも各種あります．

　表面サイズ剤としては，でんぷんやポリビニルアルコール及びこれらの変性物を主体とする水溶液が用いられますが，スチレンアクリル共重合体などの高分子化合物も使用されます．

　これらはサイズプレス装置で含浸塗工されて，紙中に浸透し，繊維表面に吸着します．次いで乾燥される前に，スチレンやオレフィンといった疎水基が繊維から表側に向き，カルボキシル基やアミノ基が繊維側に向いて，疎水性（サイズ性）を発揮します．また完全けん化したポリビニルアルコールは，でんぷん同様フィルムを形成して水の浸透を防ぐとともに，結晶化，親水性基の封鎖でサイズ効果を発現します．さらに補助薬品として耐水化剤や粘度コントロール剤を添加したり，目的によっては染料，顔料，バインダー（接着剤）などを添加して着色，白色度の向上を図ることも行われます．いずれも紙に印刷適性を付与することが大きな目的です．

・キャレンダーパート

　いったい，いつになったら紙はできあがるのだろうかと思われている方もいらっしゃると思いますが，幅2～8mの紙が1分間に200～1 200mもできるのですから大変です．また，できるだけ効率よく連続して行うので，紙の歴史が長いのと同様，工程も複雑でたくさんの装置がつけられています．もう少しです．

　紙が乾燥されて一応紙にはなったのですが，さらにロールとロールの間を加圧した状態で紙を通して，紙の密度を上げるとともに紙の表面を平滑にします．また必要に応じて光沢もつけます．この工程をキャレンダーがけ，キャレンダリングといいます．

　今までの装置もそうですが，抄紙機，ストックインレットから紙

にするまでを1台の機械と考えて、紙が切れることなく連続して行われる工程をオンマシンと呼び、いったん紙を切って別のところに移して行う工程をオフマシンといいます。サイズプレスはオンマシンの含浸塗工装置です。

同様にオンマシンのキャレンダーとオフマシンのキャレンダーがあります。特にオンマシンのキャレンダーをマシンキャレンダーと呼び、一般によく使用されます。

マシンキャレンダーは、2～5本程度の金属製のチルドロール（鋳造のときに金型を用いて鋳物面を急冷却して表面を硬化させたロール）を垂直に配列した装置で、ロール間に圧力をかけた状態で、紙を上から順にロールを抱くように通紙し、この間に平滑化処理を行うものです。

また、ドライパートの後半で紙の水分が10～20%のところでマシンキャレンダーの予備キャレンダーを行う、ブレーカースタックという装置もあります。

オフマシンで使用されるキャレンダーの一つに金属ロールと弾性ロール（コットンや紙のシートをたくさん積み重ねた後、高圧で押し縮めてロール状に研磨したロールや樹脂製のロール）を10本程度垂直に並べ、キャレンダー加工を行うスーパーキャレンダーや、加熱してキャレンダリングするホットキャレンダーあるいはソフトキャレンダーといった材質や機構を工夫したキャレンダーが各種あります。

抄紙機で乾燥を終わり、キャレンダー加工された紙は、スプールと呼ぶ鉄管にゴムを被覆した太い棒状のロールに巻きつけられます。これをリールあるいはリールに巻くといいます。抄紙機によって異なりますが、2～8mの幅で数千～数万メートルの長さの紙を1回で巻きつけます。ちょうどトイレットペーパーをとてつもなく大き

くした形をしています．その重さは 15 t 以上にもなります．

抄紙機によっては，さらにこの後に塗工機やカッターといった機械までをオンマシンで付属させている例もありますが，ここでは一応これらの機械装置は切り離します．

・**コントロール**

このほかにも，抄紙機にはたくさんの機械装置が付属されています．その中で忘れてはならないのが，紙の質をコントロールしたり，検出する装置です．これもたくさん種類がありますが，その代表的なものに B/M 計があります．

B/M 計の B は紙の重さを表す坪量（1 m² 当たりの紙の重さ）を英語で表現したときの basis weight の頭文字で，M は水分を表す moisture の頭文字です．

この装置は，検出器，表示器，フィードバックコントロールシステムで一体となって，紙の坪量，水分を自動監視，コントロールします．

検出器には放射線の一種であるプロメチウム 147，クリプトン 85 といった物質から放出される β 線を紙に透過させて，紙の坪量（正確には質量）に応じて β 線の強度が吸収，減衰される量を測定する坪量の検出器と，近赤外線（波長 1.94 μm）の光を紙に当てて，水が吸収する光量を反射光で測定する水分センサーがあり，これは一つの箱に収められて抄紙機のリールの近くで幅方向にゆっくりと走査します．

ここで得られる幅方向，流れ方向の坪量と水分の信号をドライパート，調成，ワイヤーパートにフィードバックさせて一定の坪量と水分にします．

そのほかにも白色度，平滑度（光沢度），灰分，色，厚さ，欠陥

などの検出（コントロール）器もあります．

4.4 塗ったり，貼ったり

・**塗工**（コーティング）

抄紙工程のところでサイズプレスの一種としてオンマシン塗工あるいはゲートロールコーターについて少しだけ触れました．サイズプレス自体，紙の印刷適性やサイズ性を高めるために含浸，塗工することを意味しますが，このように紙の表面に他の物質を塗布することを塗工（coating）といいます．一般に紙の分野で塗工あるいはコーティングというと，紙の表面にクレーなどの顔料を塗り，被塗工紙（原紙）の表面にある凹凸や穴を埋めて，平たんにするとともにインクの吸収性を良くして印刷適性を向上させることを指します．

紙に顔料を塗るといっても，そのままではポロポロ落ちてしまうので，バインダーと呼ばれる顔料どうしあるいは顔料と紙表面を結着させる薬品を混ぜ，水に分散，溶解させた後，塗工を行い，水を蒸発させます．

・**塗工紙**

このようにしてできた紙が，塗工紙あるいはコーテッド紙（Coated paper）と呼ばれます．参考までに，図4.27～図4.30に上質紙と塗工紙の電子顕微鏡写真を示します．

塗工紙は，アート紙，コート紙，軽量コート紙，微塗工印刷用紙などに分けられます．アート紙は，塗料の片面の付着量が$1m^2$当たり20g前後のもので，原紙に上質紙，中質紙を用い，美術書，カレンダーなどに用いられます．コート紙は，片面の塗料付着量が

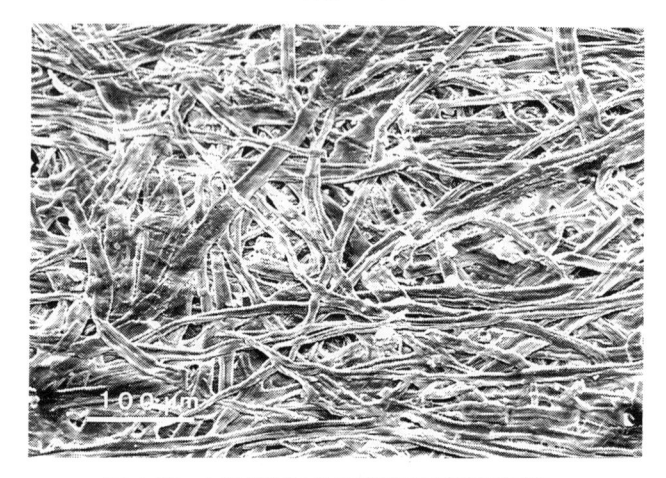

図4.27　上質紙表面の走査型電子顕微鏡写真

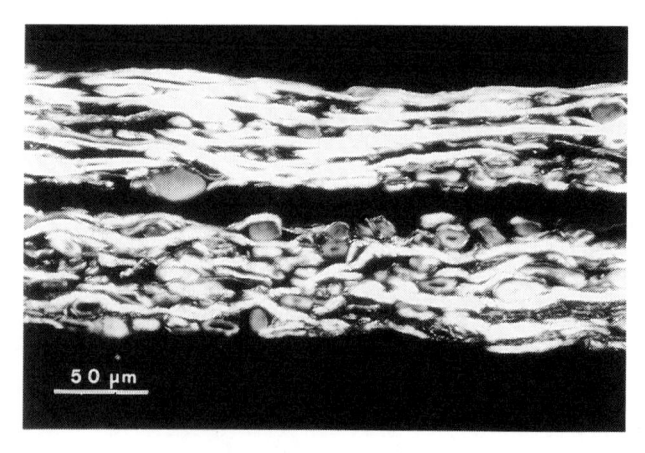

図4.28　上質紙断面の走査型電子顕微鏡写真

図 4.29　塗工紙表面の走査型電子顕微鏡写真

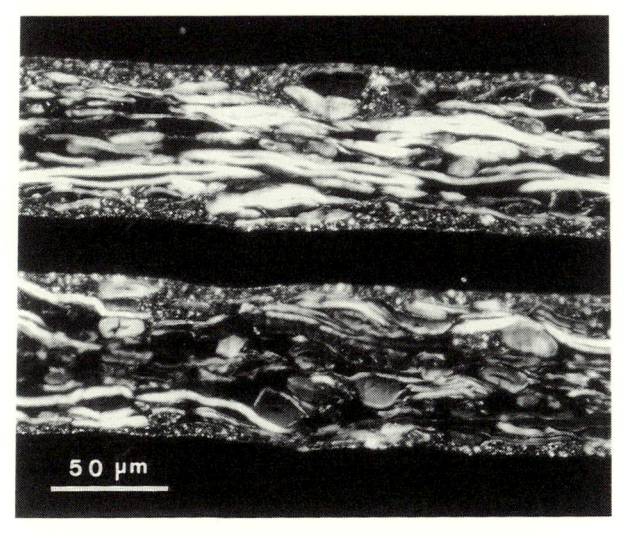

図 4.30　塗工紙断面の走査型電子顕微鏡写真

1 m² 当たり 10 g 前後のもので，使用原紙は上質と中質に分けられます．軽量コート紙は塗布量が両面で 15 g/m² 前後，使用原紙は上質紙，中質紙となります．微塗工印刷用紙の塗布量は 1 m² 当たり両面で 12 g 以下で，白色度によって 2 段階に分けられます．ほかにはキャストコート紙などがあります．

塗工紙は，原紙の表面に顔料を塗布しますが，コート紙の場合，塗布される顔料層が 1 m² 当たり 10 g 前後で，これを厚さにすると 5 μm ぐらいになります．一方，原紙を構成するパルプ繊維は 10〜20 μm の太さを持つので，この程度の凹凸や穴は塗工だけでは完全に埋め切れませんし，どうしても原紙の凹凸に従って塗工後も凸凹します．

そこで塗工紙に用いる原紙も，塗工中あるいは塗工後の工程や品質を考慮して抄造されます．原紙に要求される特性としては，表面の平滑性，白さ，不透明性，地合いの均一性，耐水性（サイズ性），表面の強さがあります．塗工液は 60% 程度の固形分濃度に調製された水溶液ですので，原紙に水が吸収されたときに，紙が切れない程度の湿潤強度が必要なほか，この塗工液があるいは塗工液中の一部の組成だけが紙中に浸透することは好ましくありません．

塗工液が付着したときに原紙表面あるいは紙中の繊維は水を吸って膨潤したり，繊維間の結合が緩められるので，強度ばかりでなく，このようになったときの平滑性も必要です．さらに，塗工紙となった後，印刷などを行いますが，この場合塗工層及び塗工層と原紙表面は塗工液中のバインダーなどで強固に接着していますが，原紙中央の層間強度が弱いとそこからはがれるようにして割れたり，むけたりするので（一般に z 方向強度，層間強度，紙間強度といいます），紙を x-y 平面に見立てたときの z 軸方向，厚さ方向の強度も必要になります．ほかに基本的な特性として原紙表面やエッジに異

物や欠点がないことと,幅方向,流れ方向で坪量や水分などのばらつきがないことがあげられます.

これらの諸要求特性を満たすために,針葉樹のパルプを10~20%程度配合するとともに,塡料,サイズ剤(内添,外添),紙力剤を添加して抄造します.パルプの叩解を進める方が紙力の面,平滑性の面で好ましいのですが,塗工時及び塗工後の寸法安定性,カールの抑制のためにあまり叩解を進めることはしません.

塗工液は,カオリン,炭酸カルシウムなどの顔料,カゼイン,でんぷん,スチレンブタジエンラテックス,蛍光染料,分散剤,防腐剤,消泡剤,滑剤などを混ぜ,固形分濃度を60~65%に調製します.この塗工液には,塗工適性と呼ばれる性質を付与することが行われます.

・**塗工液**(カラー)

原紙に塗工液(カラー)を塗工するとき,あるいは余分な塗工液をかき落とすときには,高いせん断速度,高速で塗料の両面から反対方向にズラすような速度で塗工,平滑化が行われるため,この状況下での流動特性が重要で,普通の状態から高速せん断速度にすると粘性が下がるとともに,高速せん断速度が下がってきたときには(塗工が終わったとき),比較的ゆっくり粘度が元に戻る性質(擬塑性流動とチキソトロピー性)を持つように調製されます.さらに,塗工液中の水が,固形成分と分離して原紙の方に吸収されると水に溶けているバインダー(接着剤)も一緒に紙の方に吸収されることになります.この結果,塗工層の結着強度や塗工層と原紙の接着強度が弱くなり,ストリーク(コート紙表面に見られる筋)などを発生するほか,印刷時に塗工層がはぎとられるなどのトラブルにつながります.

このためカゼインやポリビニルアルコールを配合したり，ラテックスを変性したり，必要に応じてカルボキシメチルセルロースや，アルギン酸ナトリウムといった保水性の高い薬品を配合します．また，軽質炭酸カルシウムは重質炭酸カルシウムに比べて保水性が低いので，それを考慮して塗工液の処方（お医者さんの書く処方箋と同じの意味です）を作ります（表4.3）．

塗工紙は，印刷されることが基本となっていますので，印刷適性と呼ばれる印刷時の通紙適性，印刷適性，印刷後のインクの乾きなどの適性を加味して，原紙，塗工液，塗工（方法）を決めます．

例えば，印刷後の加熱乾燥時に原紙中あるいは塗工液中の水分が急激に気化，膨張して火ぶくれを起こすブリスター対策，グラビア印刷でのミスドット防止といったことが加味されます．

・**塗工機**（コーター）

塗工機は，巻出装置（アンワインダー），コーターヘッド（塗工装置），ドライヤー（乾燥機），巻取装置（ワインダー）で構成されます．

このうち塗工機の中心である，コーターヘッドは，ロールタイプ，

表4.3 塗工紙用塗料の組成例[14]

	A	B
カオリン	100	75
微粉砕炭カル	0	20
焼成カオリン	0	5
SBR ラテックス　1	15.7	0
2	0	15.7
潤滑剤	1	1
低粘度 CMC	0.6	0.3

バータイプ，ブレードタイプ，エアーナイフタイプに分けられます．

ロールコーターのうち，コントラコーターはピックアップロール，アプリケーターロール，メタリングロール，バックアップロールからなり，調製された塗工液（カラー）は，カラーパン（受け皿）に満たされ，ここからピックアップロールによってロール表面にカラーがピックアップされ，アプリケーターロールにロール-ロール間で受け渡しされます（図4.31）．さらに隣に接触して設置されるメタリングロールで一定量の塗膜に計量されます．そして一定量のカラーがロール表面についたアプリケーターロールから，走行してきた原紙にカラーが塗布，転移されます．原紙の上にはバックアップロールがあり，塗布が均一に行えるようにバックアップします．

グラビアコーターは，メタリングロールにグラビアと呼ばれる細かいカップ（くぼみ）がたくさん切ってあり，この溝に入り込んだ塗工液がアプリケーターロールを介して紙に転移，塗布されるタイプのロールコーターです．

ロールコーターでは，ロールで塗工量を計量（メタリング）しま

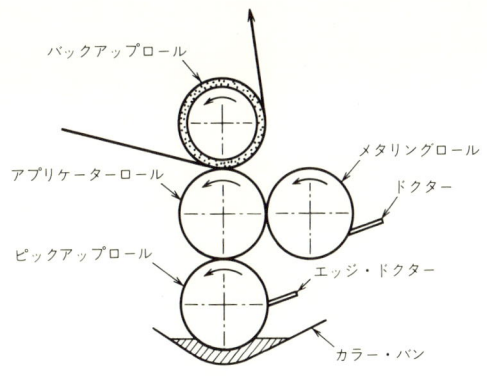

図4.31　コントラコーター[15]

したが，初めにロールを介して紙に少し余分な塗工液を塗布し，直後に必要量以上のカラーをかき落とすタイプのコーターがあります．このかき落とし方法には数種あり，金属棒あるいは細かい針金を金属棒の上にきれいに巻きつけたメイヤーバーでかき落とすタイプがバーコーター，空気圧でかき落とすタイプがエアーナイフコーター，金属製の薄い刃でかき落とすタイプがブレードコーターです．塗工速度，塗工量範囲，塗料粘度の最適範囲が広いブレードコーターが多く使われていますが，ブレードコーターの中にも各種のタイプがあります．

いずれの方式においても，塗工された紙はエアードライヤー，赤外線ドライヤーなどを配するドライパートで乾燥されてから巻き取られます．通常，塗工機は，オフマシンでスーパーキャレンダー加工を行い，光沢づけ，平滑化を行います．

コーテッド紙の中でも鏡のような塗工面をもつ紙に，キャストコート紙という紙があります．化粧品の包装箱や，シールラベルで見られるコーテッド紙の一種ですが，これはキャストコーティングという方法で作られ，ウエットキャスト法，リ・ウエットキャスト法，ゲル化キャスト法という三つの方法があります．

ウエットキャスト法は，原紙に塗工液を塗布して，乾く前に，鏡面状態に仕上げたクロムめっきドラムにプレスロールで圧着し，キャストドラムが回転する間に乾燥された後，はがす方法です．リ・ウエットキャスト法は，塗工液を塗布した後，いったん乾燥し再び湿潤させて，ウエットキャスト法と同様にして作る方法です．ゲル化キャスト法は，塗工した後，カルシウム塩などのゲル化液に浸せきして熱凝固させる方法で，この後の工程はウエットキャスト法と同様です．

4.4 塗ったり，貼ったり

・押し出し塗工

押し出し塗工（押し出しラミネーション）では，ペレット状（小豆や米粒に似た粒状）のプラスチック樹脂を加熱して溶かし，細いすき間（ダイスリット）から押し出して，紙の上に塗工を行います．

塗工に使われる樹脂は，ポリエチレン，ポリプロピレン，エチレン・酢酸ビニル共重合体などです．

複数の層を貼り合わせるラミネーションのうち，ウエットラミネーションは，水性の接着剤を紙に塗工し，そのまま別の紙と貼り合わせます．これに対してドライラミネーションは，接着剤の溶剤を揮発させた後重ね合わせて貼り合わせます．ホットメルトラミネーションは熱で軟らかくなって接着性が発現する樹脂を塗工し，加圧して熱圧着して貼り合わせます．

これらは，液体容器や包装紙，接着テープ，シールラベルの剥離紙などに応用されています．

その他の塗工方式では，塗工しようとする液体中に含浸する方法，写真乳剤の塗工に用いられるビード塗工［含浸塗工の変形で紙を含浸液からわずかに上げ，塗工液の表面張力でビード（小さい粒）を形成させて，一定量の液を塗工する方法］，カラー写真印画紙に使用される同時多層コーティング，アルミニウムなどを高真空下で蒸気にして紙にめっきする蒸着などがあります．

包装材料として重要なのが，箱などにして使われる段ボールでしょう．段ボールは，表面や間，裏に使われるライナーと中芯原紙から作られます．中芯はセミケミカルパルプから作るセミ中芯，古紙を主体に作る特芯がありますが，いずれの場合でも，コルゲーターという波形の刃のついている2本のロール（ちょうど2枚の歯車のようにかみ合います）を備える機械の間に通して波形をつけます．この山の部分に糊をつけてライナーと貼り合わせて片面段ボールあ

るいは両面段ボールなどにします．ライナーには，クラフトパルプから作るクラフトライナー（Kライナー）と，古紙を配合したジュートライナーがあります．段ボールの波形をフルートといい，段数，高さで分類されます．

4.5 切って，包んで，仕上げる

製紙では，抄紙機で作られた紙，あるいはコーターで塗工された塗工紙を他の材料を塗ったり，貼りつけたりすることなしに加工し，製品としての寸法［平判（四角い1枚の紙の集まり）や巻取り（ある幅で一定長さの巻物）］に切り，検査，選別して包装するまでの工程を仕上げあるいは仕上げ工程といいます．

既に述べた，スーパーキャレンダー加工などは仕上げ工程に入ります．

似たような加工では，紙に型つけ，型押しをする装置や，工程があります．彫刻をした鋼または鋳鉄のロールと弾性ロールの間に紙を通して布地柄やマークを型押しします．

一定の幅寸法に切り，一定の長さに巻きつけた製品を巻取りといいます（ロールともいいます）．身近な例としてはトイレットペーパーがそうですが，一般には幅1mほどで数千から数万メートルほど巻いた直径1～2mくらいの大きさです．この巻取り製品はワインダーという機械装置で幅方向の切断と巻きつけが行われます．

巻取り製品は，トイレットペーパーの芯に相当する厚い紙で作った紙管に巻きつけられます．この巻きつける軸が駆動するタイプをセンターワインダー，巻きつける紙の円周に沿って，1ないし2本のロールを接してそのロールを介して駆動するタイプをサーフェイスワインダーといいます．一般にはサーフェイスワインダーの方が

高速に巻きつけることができます．ワインダーで巻きつけるときにその直前で回転する刃を当てて幅方向の裁断を同時に行います．この刃は紙を挟んで上刃と下刃があり，この間で紙は挟み切りされます．このカット方式にもいくつかあります．一定の長さに巻き取られた紙は包装されて製品となります．

　四角い紙に切った状態で製品とするものを平判といい，これはカッターという機械装置で連続して切りそろえられます．複写機のコピー用紙がその一例で，印刷用に使う場合，1m四方ぐらいの大きさに切られます．

　抄紙機あるいはスーパーキャレンダーなどで巻き取られた原反（げんたん）（切る前の巻取り，リール），あるいはワインダーでいったん事前に幅と長さを切りそろえた巻取りを1～10本程度並べてアンリールスタンドにかけ，重ね合わせてスリッター（ワインダーと同じく幅方向を一定寸法に切る）に入れます．スリッターで幅方向を切られた直後に，円柱の軸方向に刃をつけた回転刃（ターニングナイフ）で流れ方向を切ります．これで四角い紙になります．次々とくる四角い紙を重ね合わせて山状に集め，選別した後，500枚あるいは1 000枚（1連）単位に包装します．

　カッターにも，流れ方向を切る方式，スリッターの方式が各種あります．

4.6　中性紙と図書館の紙

・pHと硫酸バンド

　中国で唐の時代（618～907年）に動物性の膠（にかわ）と明礬（みょうばん）を使って紙にサイズ性を付与する方法が発明されたとされています．膠は動物の骨，皮，腱，腸などを水で煮た液を乾かして固めた物質で，たんぱく質

の一種のゼラチンを主成分とします．

　ヨーロッパでは，1300年ごろから同様な方法でサイズ液を作っていました．ヨーロッパの製紙を模した絵に山羊を鍋に入れて，鍋の下から何やら液を取り出し，紙の上にかけている様子が描かれています．そのころの製紙工場は膠の動物臭，ボロの臭いなどでかなり異臭がしたことでしょう．

　明礬は，硫酸アルミニウムとアルカリ金属やタリウム，アンモニウムなどの一価のイオンの硫酸塩とからなる複塩をいい，英語ではalum（アラム）といいます．礬土とは酸化アルミニウム，アルミナのことですので，硫酸礬土というと硫酸アルミニウム（aluminium sulfate）をさします．

　また，和紙や日本画で行われるドウサ引きという表面サイズ法は，礬水と書き，本来明礬の水溶液の意味ですが，膠と明礬を混ぜて溶かした表面サイズ液のことをいいます．

　この場合，明礬は膠がパルプ繊維表面に定着することを促進させるために加えられる定着剤であり，膠はインクのにじみ止め（サイズ剤）です．その後，明礬の代替品として礬土（硫酸アルミニウム）が現れ，膠の代わりに松脂を原料とするロジンサイズが普及します．

　現在は，サイズ剤の定着剤として明礬を使うことは少なく，化学的に合成した硫酸バンド（硫酸アルミニウム）を使います．

　この硫酸バンドは，調成工程で添加すると硫酸イオンとアルミニウムイオンに解離して酸性になります．サイズ剤の効果や，抄紙機の汚れ，微細繊維，填料，薬品のリテンション（留り）を考慮して，硫酸バンドの添加量を決めます．硫酸バンドは6%溶液でpH 3～4を示し，ロジンの定着などと繊維への定着の点からpH 4.5～5が望ましいとされ，多くはpH 4～6で調成，抄紙されます．

4.6 中性紙と図書館の紙

このため,硫酸バンドを使ってロジンなどのサイズ剤を定着させる抄紙を酸性抄紙といい,硫酸バンドで定着あるいは酸性側でサイズ効果が発現するサイズ剤を酸性サイズ(剤)といいます.

また,填料として炭酸カルシウムを併用すると,このpH領域では炭酸カルシウムは炭酸ガスを発生して硫酸カルシウムに変化してしまい,填料としてはその効果を発揮できなくなります.

そこで,炭酸カルシウムを填料として使う場合には,pHを中性からアルカリ性にする必要があります.ところが,ロジンなどの酸性サイズといわれるサイズ剤は,中性あるいはアルカリ性領域では繊維に定着しないばかりか,サイズ効果も発現しません.そこで,中性あるいはアルカリ性下でサイズ効果の発現する中性サイズ剤と呼ばれるサイズ剤を使用します.これらのサイズ剤は定着剤として硫酸バンドは必要とせず,カチオン性高分子で定着するか,自己定着するように改質してあります.このため,調成,抄紙pHは7~8になります.

無填料紙,あるいは無サイズ紙の場合には,使用するパルプ,使用薬品によりますが,pHは中性から弱酸性となります.

酸性抄紙,中性抄紙によってできた紙のpH(紙面pH)を測定すると,酸性抄紙の紙はpHが3~6,中性抄紙の紙はpHが7~10になります.この点からもそれぞれ酸性紙,中性紙といわれますが,紙面pHをさすのか,抄紙pHをさすのか,硫酸バンドの使用をさすのかは,そのときに応じて使い分けられます.

・本の劣化

中性紙あるいは本の劣化を議論する場合,紙の中に残存している硫酸イオン及びpHが酸側にあるために進行するセルロースの結晶化,ヘミセルロースの酸加水分解,脱水作用が要因として残ります.

図書館に収蔵されている書籍,資料の調査及び酸性紙と中性紙との比較劣化試験から酸性紙の方が中性紙に比べて劣化の進行が速いことが明らかにされています.そして,酸性紙の劣化［特に折り曲げ回数（耐折強さ）でみる強度劣化］は,紙中に残存している硫酸礬土の酸性によるセルロース,ヘミセルロースの酸加水分解によると一般的には説明,理解されています.しかし,世界の温湿度,紙中水分,酸の水溶液中での解離を考慮して調査すると,一概に酸加水分解だけでは説明できません.この場合,水分の低下,脱水による繊維の脆弱化,硫酸バンドから派生した硫酸の脱水作用によるセルロース,ヘミセルロースの変質,繊維あるいは紙の結晶化の進行も考えなくてはなりません[61],[62].

・**劣化を食い止める**

いずれにしても貴重な書籍や資料のような文化財資産を守り,保存して後世に残す必要があります.このため各国の図書館を中心に劣化を食い止めることが研究,そして実施されています.

図書館などの蔵書については紙のpHを中和して中性にする方法,補強する方法が行われています.中和する方法では,マグネシウムメトキシドにメチルアルコールを加え,これに炭酸ガスを加えて,さらにハロゲン化溶剤を加えて脱酸性化する方法（Wei・T'O法）,ジエチル亜鉛で処理する方法,水酸化カルシウム溶液につけた後,重炭酸カルシウムで処理する方法などが開発・実施されています.

ジエチル亜鉛法では,ジエチル亜鉛をガスでそのまま添加しますが,ジエチル亜鉛は水や酸素と激しく反応するので,真空下で注入処理します.ジエチル亜鉛は,水酸化亜鉛,炭酸亜鉛となり,その後も紙中での中和剤の役割をします.Wei・T'O法では年間4万冊,ジエチル亜鉛法もパイロットプラントでの各処理が開始されていま

すが，いずれの処理を行っても，劣化抑制で寿命としては2〜4倍延命するにとどまり，絶対的な十分な回復ではありません[61]．

補強する方法としては，合成高分子のモノマーを紙に含浸した後重合させてプラスチック化する方法（今でいえばパウチッコ®というような感じ）や，紙を2枚にはいで2枚の中央に薄葉の和紙を入れて再び貼り合わせて元どおりにする方法があります[63]（ゼラチンを塗布してうまくはがし，補強サンドイッチした後貼り合わせてゼラチンを洗い流します）．

その他は少しずつ丹念に紙で補強していきます．虫食いの跡などは，同じ形に紙を切り埋めて補強します．最近では手漉きの特徴を上手く使って補強したい部分にだけ繊維を集めるようにして漉き，乾燥させるという新しい方法も行われています[63]．

本あるいは紙を永く持たせることは，用途によっては必要とされます．このためには，中性で抄紙すること，硫酸バンドなどの酸性薬品を使用しないこと，炭酸カルシウムを添加すること，リグニンの残存しているパルプは使わないことが望ましく，これらの点を満たす紙として，ライスペーパー（たばこの紙），インディアペーパーが歴史的に古くからあります．中性紙の使用も少しずつ増えています．

1970年，大阪で開かれた万国博覧会のおり，タイムカプセルが二つ埋められました[64]．同じ内容物ですが，そのカプセルが開けられて，普通環境下に置かれていた用紙と比べて，インディア紙と酸性紙の差を見ることができるかも知れません．

4.7 古紙と再生紙

・ゴミ問題と紙の生産量

かつては，古紙は資源問題としてとりあげられました．しかし，最近この動きにゴミ問題，特に都市ゴミの問題がプラスされ，さらにゴミ問題も含めて環境を守ろうとする動きと，自然を大切にという意識の高揚とが重なり，古紙と再生紙が注目されています．

1988年度の日本全国のゴミ排出量は，東京ドームの約130杯分に相当する4830万t弱で，この内の45.6%が紙類です．家庭からのゴミの25%，オフィスからのゴミの46%が紙類という特性を持っており[57]，焼却能力のオーバー，埋め立て量の増大に対して紙類を古紙として再生，処理するだけでゴミ問題は軽減できます．

さて，現在世界では，どのくらいの量の紙が生産され，そのためにはどのくらいの材木や木が必要で，古紙の資源としての利用量はどのくらいなのでしょうか．

1999年の世界の紙・板紙の生産量は3億1525万tで，日本はアメリカの8806万tに次いで2番目で，3063万tです．パルプの生産量は世界で1億7900万tですので，残りは古紙や填料，顔料，その他ということになります．

パルプの全世界生産量を直径17 cmで高さ8 mの木から作ったとすると39億本（7億1600万m³）に相当します．これは少しびっくりする数字なのですが，世界の森林総蓄積量は約3000億m³で年間の木材生産量は約33億m³，このうち53%が薪炭材，47%が用材，この用材のうち4億m³（28%）がパルプ材に使用されており，バランスしています（図4.32）．

国民一人当たりの紙消費量では，アメリカが347.2 kg，日本は239.2 kgです．

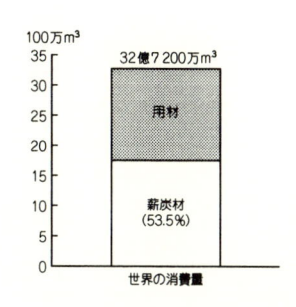

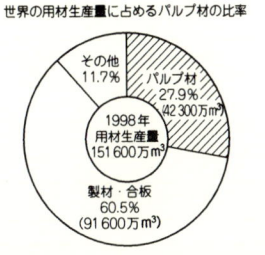

図 4.32 木材の用途別消費量[59] (1998年)

日本の紙・板紙の生産量推移をみると，1990年から2000年の年平均増加率は1.3％で，年間約400万t弱の伸びを示しています．

紙・板紙の品種別生産比率では印刷情報用紙で48.4％，新聞用紙はそのうち11.5％です．段ボール原紙が29.2％で板紙の中では最も多い状態です（図4.33）．

日本のパルプ輸入依存率は，2000年で21.8％で，アメリカ，カナダからのクラフトパルプ（BKP）の輸入が68％以上を占めています．

国内のパルプの品種推移をみると，漂白クラフトパルプが伸びており，その他のパルプは微増ないしは横ばいか，下降しています（図4.34）．

パルプの原料となる原木の内訳は，木材の約13％をパルプ材で消費していますが，国内材，輸入材とも天然低質材が38〜57％，製材廃材が42〜19％で，これは紙パルプあるいは燃料以外に用途がなく，材木資源の有効利用といえます．

138   4. 洋紙のレシピ

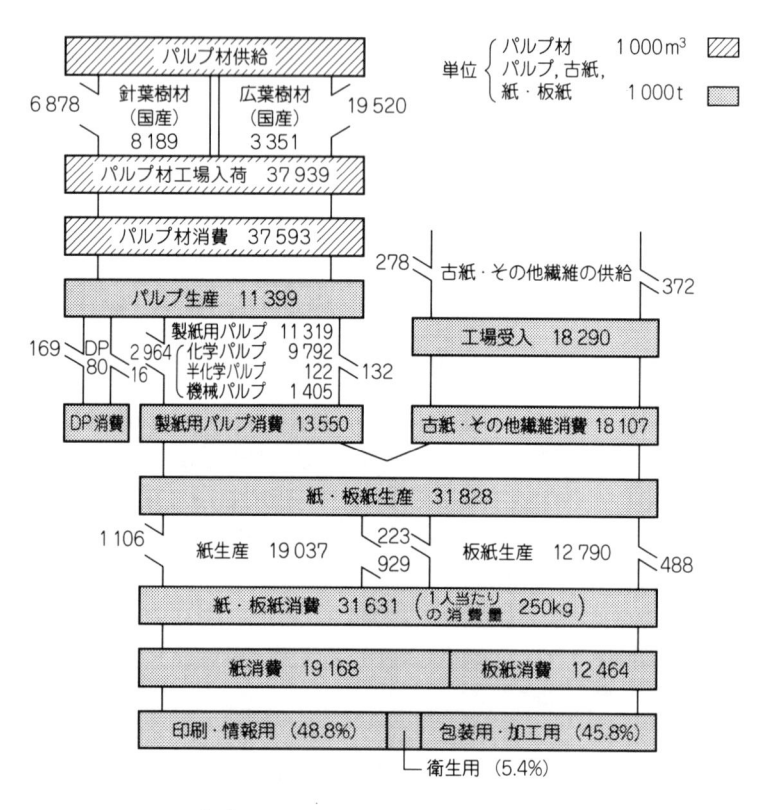

```
                    ┌─────────────────┐
                    │  パルプ材供給    │         ┌ パルプ材       1 000m³  ▨
                    └─────────────────┘    単位 ┤ パルプ,古紙,
       6 878 ↙  針葉樹材   広葉樹材  ↘ 19 520   └ 紙・板紙       1 000t   ▦
              (国産)     (国産)
              8 189      3 351
           ┌────────────────────────────┐
           │ パルプ材工場入荷  37 939    │
           └────────────────────────────┘
           ┌────────────────────────────┐
           │ パルプ材消費     37 593     │
           └────────────────────────────┘
           ┌────────────────────────────┐     278 ↘                      ↙ 372
           │ パルプ生産      11 399      │         古紙・その他繊維の供給
           └────────────────────────────┘
     169 ↓DP  製紙用パルプ 11 319              ┌────────────────────┐
         80   化学パルプ  9 792                 │  工場受入  18 290    │
         2 964 半化学パルプ  122  132           └────────────────────┘
          16   機械パルプ  1 405
       ┌────┐ ┌──────────────────────┐  ┌──────────────────────┐
       │DP消費│ │製紙用パルプ消費 13 550│  │古紙・その他繊維消費 18 107│
       └────┘ └──────────────────────┘  └──────────────────────┘
                  ┌──────────────────────────────────┐
                  │   紙・板紙生産   31 828           │
                  └──────────────────────────────────┘
         1 106 ↓   紙生産 19 037  ↓223  板紙生産 12 790  ↓ 488
                                 929
                  ┌──────────────────────────────────┐
                  │ 紙・板紙消費 31 631 (1人当たり 250kg) │
                  │                   の消費量           │
                  └──────────────────────────────────┘
                  ┌──────────────┬──────────────────┐
                  │ 紙消費 19 168 │  板紙消費 12 464  │
                  └──────────────┴──────────────────┘
                  ┌────────────────┬────────────────┐
                  │印刷・情報用(48.8%)│包装用・加工用(45.8%)│
                  └────────────────┴────────────────┘
                          └ 衛生用 (5.4%)
```

注 1. 輸入 ↘↙   輸出 ↙↘
　 2. 紙・板紙消費＝総出荷＋輸入－輸出
　 3. 印刷・情報用＝新聞用紙＋印刷情報用紙
　　　衛　生　用＝衛生用紙
　　　包装・加工用＝その他

図4.33　2000年の紙パルプ産業総合需給図[59]

4.7 古紙と再生紙

・古紙の歴史

中国では，1100年前後に古紙の利用が奨励されました．古紙と新しい紙料液とを混ぜて，抄き上げて，今でいう再生紙をつくりました．

日本においては，890年ころから故紙を再生して，再生紙を作っていました．このとき用いる古紙は故紙と呼ぶ方がふさわしい紙です．故人に縁のある，あるいは故人の書きしたためた手紙などの故紙を集めて，紙に漉き直して，法華経を書き写して供養をしました（これを漉直し経といいます）．この漉直し紙は，墨が少し残り，紙がわずかに灰色となることや漉きムラが発生することなどのために「薄墨紙」，「水雲紙」と名付けられました．

さらに，奈良時代には本古紙，本久紙と記された古紙の漉返し紙がありました．

平安時代には，古紙は薄墨紙はじめ多くの紙が紙屋院で漉かれて

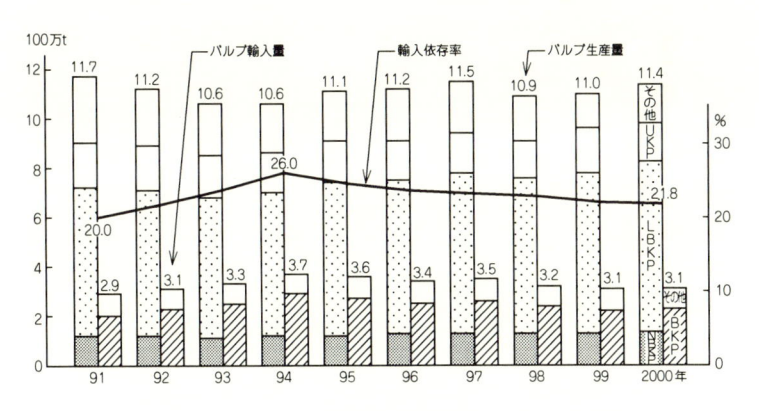

図4.34 パルプの品種別生産推移，輸入依存率[59]

おり，薄墨紙（宿紙ともいいます）もそこで漉かれました．

江戸時代には，古紙は薄墨紙，薄墨色などと情緒豊かに楽しむことはなくなり，宿紙(しゅくし)という全く粗末な再生紙に成りかわり，庶民の雑用紙になりました．江戸の浅草紙や京都の西洞院紙などが有名です．

日本で最初の再生紙は，神奈川県庁と製紙メーカーとの共同開発で1980年に生まれました．このときの古紙配合率は70％です．

・古紙パルプの性質

さて，古紙あるいは再生古紙を考える場合には，古紙パルプの製造，紙の紙質変化が問題になります．特に，木から作った新しいパルプ（ヴァージンパルプ）に対して，紙に抄かれ再生され，また回収され再生されと繰り返し使用されることによるパルプの変質，抄き直して出てきた紙の品質変化は，紙をつくる上で，また使う上でも考慮する必要があります．

まず，ヴァージンパルプについて，クラフトパルプなどの化学パルプとGPなどの機械パルプについて考え直してみます．

機械パルプの収率が90％以上ということは木材を細かくしただけで，化学組成や繊維の細胞壁の構造はほとんど変わっていません．これに対して漂白したクラフトパルプの場合には，パルプ中に残存しているリグニン量がほとんどありません．よって，繊維細胞と繊維細胞の間のリグニンが取り除かれているばかりでなく，繊維の細胞壁の中のリグニンあるいはヘミセルロースも取り除かれています．

機械パルプの繊維細胞の壁構造をミクロ的に見ると，壁を構成している主成分であるセルロースが結晶している横断面を見るとちょうど，れんが塀のれんがのように少しすき間があってきちんと並んでいます．そしてすき間に当たる部分にリグニンあるいはヘミセル

ロースがれんがの接着剤のように存在しています．パルプ化をすると，このすき間を埋めている目地にあたるリグニンやヘミセルロースが溶出するので，そこは，ぽっかりあき，水で埋められて，スポンジに水を含ませたような状態になります．

ここで叩解を行うと，細胞壁内にさらに空間ができやすくなり，セルロースで作られるフィブリルやラメラと呼ばれる壁構造が移動しやすくなります．次いで紙にするために乾燥していくと，細胞壁内の水も脱水，蒸発しますが，このとき，フィブリルやラメラが互いに寄り合い，強固な結合をつくり，場合によっては，れんがが大きくなったようにしっかりとくっついて一体化するものも出てきます．これが紙の強度の一つの現れです．

・リサイクル

古紙の再生ではリサイクル（繰り返し）が行われることになります．すなわち再び繊維は水につけられて，1本1本バラバラにされます．また必要に応じて若干叩解もされます．そうすると，初めてのときとは異なり，繊維細胞壁は，しっかりとくっついてしまったれんがのように離れないので，スポンジが古くなって少し固くなったようになり，以前のように十分に水を含むことができなくなります．一般に角質化と表現されるパルプ繊維の変質が起こります．

これを1回，2回，3回と繰り返して行うと，その傾向はさらに顕著になります．

このように古紙の再生をイメージして，湿潤，解繊，乾燥を1サイクルとして，繰り返して（リサイクル試験，リサイクル回数と表現します），各サイクルごとで紙の引張強さをみてみると，クラフトパルプでは，1回目のリサイクルで，半分強，強さが低下して2回目，3回目でも少しずつ低下するのに対して，機械パルプの場合

はほとんど引張強さが変化しません．そこで，リグニンを段階的に取り除いたパルプについて見てみると，リグニンが取り除かれるにしたがって，リサイクル回数とともに引張強さが低下する傾向になり，リサイクルにおける引張強さの低下はリグニンが溶出した後のスポンジ構造と，セルロースマトリックスの再結合が要因であることがわかります．

・**劣　化**

　酸性紙の劣化や新聞紙の劣化をイメージすると，どうしても機械パルプで作った紙の方が紙力が弱くなっていくと思われていて，先に述べたことを意外に思われる方も多いと思います．実際，機械パルプの場合，光による着色化があるため，劣化のイメージが強いのですが，紙力的には変化がなく，着色と紙力とは相関しません．

　化学パルプ（クラフトパルプなど）をリサイクルすると，繊維の膨潤性の低下，繊維の剛直化，紙力の低下が生じます．

　古紙についても同様で，市中から回収された古紙（あるいは紙）は，そのものも再生紙であるならば，その元となった紙の中にも一つ前の古紙が入っており，その繰り返しが行われており1回リサイクルされた繊維は〇〇％，2回リサイクルされた繊維は〇〇％と順にリサイクル回数と数量をかけたものが合わさった紙となります．幸い1回目のリサイクルで紙力低下分のかなりの部分を占めるので，紙力の予想などはリサイクルする古紙の比率だけを推定すれば，ほぼ予想できます．

　これを計算した例があります[66]．

　1回目はヴァージンパルプ100％で抄紙します．2回目はこれを半分，ヴァージンパルプを半分混ぜて抄紙します．3回目はこれを半分とヴァージンパルプを半分混ぜて抄紙します．このように繰り

返して行って最後に，1回目のリサイクルの比率，2回目のリサイクルの比率と各リサイクル回数の紙の中に占めるヴァージンパルプの割合を計算すると，古紙利用率が50％の場合，1回リサイクルしたパルプは25％，2回リサイクルしたパルプは12.5％，3回リサイクルしたパルプは6.3％となり，3回までリサイクルされたものが44％になります．当然0回リサイクルのヴァージンパルプは50％ですので，残りは6％となります．

仮に1回目のリサイクルで引張強さが半分になるとすれば，この50％の古紙混入率の再生紙の引張強さはヴァージンパルプだけで作った紙の約3/4になります．

・回収と利用

それでは，日本あるいは世界各国の古紙使用量，古紙の回収率，利用率はどうなっているのでしょうか．

世界の主要28ヶ国で1999年に消費された古紙は1億3370万tですが，国別にみるとアメリカが3377万tで最も多く，次いで日本の1691万t，中国の1371万tとなり，全体では，製紙用原料の約45％が古紙資源となっています．また，古紙回収率はオーストラリアの80％が最も高く，次いでオランダの78％，ドイツの73％の順で，日本は57％で8位になります．

日本では，現在約57％の古紙利用率（＝古紙消費量/紙・板紙生産量）を2005年には60％にする「2005年度の古紙利用率60％」を目標に掲げ製紙連合会が中心になって推進しています[59),67)]．

これには二つの目的があり，それは資源の有効利用とゴミ（特に都市部のゴミ）の減量化です．

2000年の紙・板紙生産量は3183万tで，古紙使用量は1800万tです．

現在,板紙分野での古紙配合率は89%くらいになっており,これをさらに高めることはかなり難しいテーマです.紙の古紙配合率は32.1%であり,紙でも板紙でも60計画の完全実施には大変な努力がいると予想されます.

古紙回収率の推移を見ると,1996年ころから急激に増加しています.これはＤＩＰ設備の増設や再生紙のニーズの拡大が寄与している(図4.35).

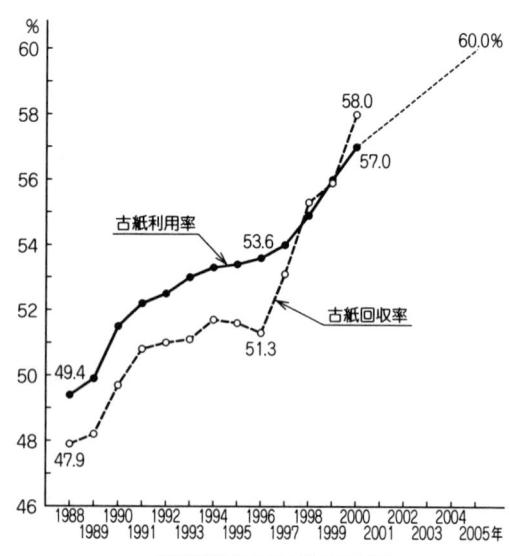

製紙原料に占める古紙の比率(%)

	1985年	1990年	1998年	1999年	2000年
紙	25.6	25.2	29.2	30.7	32.1
板紙	79.4	85.8	88.9	89.3	89.5
平均	49.3	51.5	54.9	56.1	57.0

資料:経済産業省「紙・パルプ統計」

図4.35 古紙回収率と配合率推移[57),59)]

・古紙の種類と嫌われる紙

古紙にはどんな種類があるのでしょうか.

発生源で分類すると,家庭やオフィスなどから出る回収古紙と,印刷,製本工場などから出る産業古紙に分けられます.家庭やオフィスでは,古紙の分別回収などの試みが進んでいますが,古紙の性質上,どうしても古紙の品質の維持が難しいという問題があります.その中でもオフィスから出る,CPO(コンピュータープリントアウト)とPPC(普通紙コピー)は,いずれも複写,プリンター印字時のトナー,インパクトリボンインクなどを紙の再生時に除去することが難しかったのですが,最近は技術が向上して再生できるようになりました.

もう一つの分類は,(財)古紙再生促進センターがまとめたもので,統計分類項目として上白カードから台紙・地券ボールまで9分類に分けられ,さらに各分類ごとに名称をつけて細かく分けられています(表4.4).

古紙を利用するうえで,禁忌品といわれる古紙処理において還元不能な紙類(一般ルートで混入するとトラブルのもとになり,処理できないもの)があります.その例をあげると,樹脂含浸紙,樹脂コーティング紙,ラミネート紙,カーボン紙,感熱紙,感圧紙(ノーカーボン紙),粘着テープなどです.

ラミネート紙の一種である牛乳パックは最近,再生したり,回収したりしていますが,これらは,パックの表裏のラミネートフィルムをはがすか,同じ紙類すなわち牛乳パックだけを集めて処理を行います.禁忌品だから再生できないという意味ではありません.

表 4.4 古紙の統計分類と主要銘柄

財団法人古紙再生促進センター
制定　昭和 54 年 3 月
改定　平成 12 年 6 月 15 日

統計分類	No.	主要銘柄	内容
上　白 カード	1	上　　　白	製本・印刷工場，裁断所等より発生する印刷のない白色上質紙の裁落及び損紙
	2	クリーム上白	製本・印刷工場，裁断所等より発生する印刷のないクリーム色上質紙の裁落及び損紙
	3	罫　　　白	製本・印刷工場，裁断所等より発生する白色又はクリーム色上質紙の青罫・トンボのある裁落及び損紙
	4	カ ー ド	電子計算機等による使用済カード類
特　　白 中　　白 白マニラ	5	特　　　白	製本・印刷工場，新聞社等より発生する印刷のない中質紙の裁落及び損紙
	6	中　　　白	製本・印刷工場，新聞社等より発生する印刷のない更質紙の裁落及び損紙
	7	白 マ ニ ラ	紙器工場等より発生する着色及び印刷のないマニラボールの裁落及び打抜き
摸　　造 色　　上 （アート古紙を含む）	8	摸　　　造	墨印刷のある上質紙
	9	色　　　上	色刷りのある上質紙でアート紙も含む
	10	ケ ン ト	製本・印刷工場等より発生する一部色刷りのある上質及びアート紙の裁落
	11	白 ア ー ト	製本・印刷工場等より発生する印刷のないアート紙の裁落及び損紙
	12	飲料用パック	家庭等より発生する飲料用紙パック並びに紙パックの印刷・加工段階で発生する裁落及び損紙（アルミ付き紙パックを除く）
切　　付 中更反古	13	特　上　切	製本・印刷工場等より発生する色刷りのある中質紙の裁落
	14	別　上　切 （マンガサイラク[1]）	製本・印刷工場等より発生する色刷りのある更質紙の裁落

表 4.4 (続き)

統計分類	主要銘柄 No.	主要銘柄	内　　　容
切　付 中更反古	15	中　質　反　古	製本・印刷工場等より発生する印刷・色刷りのある中質紙の損紙
	16	ケントマニラ	紙器工場等より発生する印刷・色刷りのあるマニラボールの裁落及び打抜き
新　　聞	17	新　　　聞	家庭，会社及び官公庁等より発生する新聞及び残紙
雑　　誌	18	雑　　　誌	家庭，会社及び官公庁等より発生する雑誌及び返本・残本
茶摸造紙 (洋段を含む)	19	切　　　茶	製袋工場等より発生する印刷・色刷りのない製袋及び封筒のクラフト紙の裁落
	20	無　地　茶	製袋工場等より発生する印刷・色刷りのないクラフト紙の損紙
	21	雑　　　袋	セメント，薬品，肥料，食品等のクラフト紙の空袋
	22	クラフト段ボール	回収されたクラフト段ボール（主に輸入品）
段ボール	23	段　ボ　ー　ル	段ボール・紙器工場，市中等より発生する段ボール
台　紙 地　券 ボール 込　新[2]	24	ワ　ン　プ	新聞用紙，その他紙の包装紙で使用済のもの
	25	上　台　紙	紙器工場等より発生する白板紙の裁落及び打抜き
	26	台　　　紙	紙器工場等より発生するチップボール，色ボール等の裁落及び打抜き
	27	ボ　ー　ル	市中等より発生する白ボール，チップボール，色ボール等の古箱及びそれに類似したもの

注 1) マンガサイラク：マンガ本の製本工程で発生する色刷りのある更質紙の裁落．
　 2) 込新：各種の紙類を混合荷造りした古紙をいう．現在は，古紙品種の名称として一般に使われていない．

・再生するには

各古紙はどのような紙になって再生されるのでしょうか.

段ボール古紙は,回収率83.4%と高い回収率であり,板紙向けに99%以上が利用されており,段ボール原紙として再生されます.段ボール古紙は,古紙消費量の45.2%を占めています.新聞古紙は,古紙消費量が段ボールについで2番目で全体の21.3%です.用途としては新聞用紙や中質印刷用紙に88.9%が向けられています.

回収された古紙の再生化技術（古紙処理技術）をふり返ってみたいと思います.

古紙の中,あるいは上には,抄紙薬品類,印刷インキ,トナー（複写機で画字を形成する黒い粒）,ホットメルト樹脂,粘着テープ,ゴミ（紙に付随してついてくる物）が含まれます.これらを取り除いてパルプ（繊維の集合体）にします.特にインキを取り除くことが技術のポイントとなるので,この工程を脱インキ工程またはDIP［脱インキパルプ（化）］工程といいます.また脱インキされてできたパルプを古紙パルプ,再生パルプ,脱インキパルプ,DIPなどといいます.

この工程では,古紙にアルカリと界面活性剤を加えて離解した後,熟成し,さらによくもんで繊維上のインキをはがしやすくしてから,フローテーションマシンでインキだけを浮かせて取り除きます.洗浄,漂白（過酸化水素系の一段漂白が主流）して完成です.

この間,各工程で大小のゴミ,重量異物などを取り除くほか,濃度調整などを行います.

コストの低減,排水負荷の軽減が一つの検討課題ですが,技術的には,日進月歩で発展,改良されています.今後さらに,上級各種紙への利用,回収率の向上が望まれるとともに,環境を良くする意

味で，また資源を保護する意味でも一人一人の協力が必要です．

5. 紙に要求される機能

5.1 贈り物を包む

バレンタインデーやクリスマスあるいはお中元,誕生日プレゼントというように,人は贈り物をプレゼントしたり,もらったりするとうれしく,良い気分になりますが,このとき,箱がこわれていたり,包装紙が破けていたりするとその楽しさは半減します.さらに贈り物自体がこわれていたり,濡れていたりすると悲しくなります.

パッケージ,あるいは包装紙といわれるものには,このようなことのないように配慮,工夫がなされています.

・第一の機能《包む,保護する》

包装紙,包装容器に要求される機能としては,いくつかの項目がありますが,第一に内容物を保護しなくてはいけません.このためには,各種の強度,各種のバリヤー性が要求されます.すなわち,包装紙や箱がピンとしている,あるいは少しくらい力がかかっても形くずれしない"こ̇わ̇さ"(紙のこしという表現を使うこともあります.まさに粘り腰が要求されるのです.),少しくらいの引っかかりや,こすれでは破れない強度,個々には引張りに対する"抗張力","耐摩耗強さ",引き破れないような強さ"耐引裂強さ",中から風船をふくらますような力に対して耐える"耐破裂強さ"に分けることができます.また,セメントを入れる袋を始め,小麦粉を入

れる袋，あるいはみかんやりんごの入った段ボール箱といった容器類には衝撃的な力が加わりやすく，これに対しても耐える紙の強さ"耐衝撃強さ"が必要です．

それから物を包むという場合には，折り曲げた角などが破れないこと，折り曲げたときに折り曲げたところから割れたりしないことが必要です．

また，粘着テープなどを貼って，はがすときにあまり破れ過ぎても困りものです．

液体や固体の浸透，透過を防ぐバリヤー性では，防水性（耐水性），防湿性，耐油性（耐脂性），ガスバリヤー性（防臭性），耐熱性，遮光性が必要です．

個々の機能性の程度は，おのおのの代用特性として個々に開発，標準化された試験器，試験方法で測定します．それぞれ機能を測定しようとする測定器は種類も多いので，各特性についての代表的な試験方法から，包装紙の機能を探ってみましょう．

(1) **こわさ**

身近にある紙を幅 2 cm くらい，長さ 10 cm くらいに切って，紙の端を親指と人差し指でつまんで，紙を水平に持つようにしてみて下さい．紙は水平にならず，先の方が少し弧を描くようにして下がっていると思います（紙の種類によっては垂れ下がったのもあるかも知れません）．これがこわさのない紙だと大きく下に垂れ下がり，厚い紙や固い紙では垂れ下がりが非常に少なくなります．紙自身に自分の重さがかかって下がるのですが，このように，曲げようとする力に対してどれだけ曲がらないかという強度を"こわさ"といいます．

先ほどと同じように紙を持ち，今度は垂直にして紙が垂れる方向に面を向けて，左右にゆっくり回転させます．するとどこかの角度

をすぎるとそちらの方に紙が吸い寄せられるようにして曲がって行きます．そのときの角度を記録して，次に反対側にも同じことを行います．同様にその角度を記録します．紙の持つ位置を変えてこれを繰り返すと，右に倒したときの角度と左に倒したときの角度の和が90°（直角）になる位置が見つかります．このときの紙の長さをクラーク臨界長さといい，この長さ（センチメートル単位）を3乗して100で割った値をクラークこわさとして表します．曲がりにくい紙，固い紙，こわさのある紙，こしのある紙ほどこの値は大きくなります．

ちなみにクラークというのは，この試験器を考えた人の名前に由来します．紙の試験器の場合，頭に考案者，開発者の名前を冠することが多いようです．

（2） 引張強さ

これは，紙を反対方向に引きちぎるようにして引っ張り，破断するときの力をいいます．紙の強さ，紙力というときの代表選手で，紙の各強さとも関係があるために，最低限この強さが分かれば，おおよそ，その紙の強さを想定することができます．

幅15 mm，長さ20 cmの紙の両端をチャックで挟んで固定し（チャックとチャックの間隔は18 cm），片方を固定し，もう片方を少しずつ移動させ引っ張って行きます．ある点までくると破断が起き（紙が切れる）ますが，この破断までの時間が20秒になるように速度を決めて引っ張ります．最近の装置では，この破断荷重だけでなく，同時に破断までに伸びた紙の伸び，破断までに要したエネルギーまでも自動で測定，算出が行われます．この紙の単位面積当たりの仕事量をタフネスとして表します．

違う種類の紙を比較できるように，試験片の幅と坪量（1 m²当たりの紙の重さ）で引張強さを割って裂断長（km）で表すことが

あります．裂断長とは，紙テープのような感じで紙の端を少しずつ飛行機から糸のように垂らして行き，紙の重さをその紙の強さでは耐えられなくなって破断するときの長さをいいます．

（3） 耐摩耗強さ

箱と箱，紙と紙，あるいは包装紙とトラックの内壁といったこすられることに対する強さで，目的とする紙と紙をこすり合わせ，そのときのムケなどをみる見方もあります．テーバー型摩耗試験というのは，円盤状に切った回転する紙の上に，紙の回転軸と垂直な回転軸を持つ円柱上のグラインダー（やすり）を回転させながら載せます．そうすると紙の表面は順次，やすりでこすられます．一定時間たった後の紙の減量をはかり，1000回転当たりの減量で耐摩耗性を測定します．

（4） 引裂強さ

無理に物事を押し通したり，横車を押すことを横紙破りということがあります．これは，和紙の世界で生まれた言葉で，和紙は横に破きにくいことからきています．このときの紙の強さが，まさに引裂強さとなります．かつては電話帳をそのまま両手で横に引き破る力の持ち主もいたりしました．これはちょうど逆で，電話帳は縦より，横の方が破きやすいように寸法取りしてあるからなせる技でしょう．

紙の強さの中で，この引裂強さだけが様子が違います．たとえとして，ガーゼは引き裂こうとしても破れませんが，引き裂かれたカーテンのように，布，特に目のつんだ布は，一か所傷が入れば，さーっと引き裂くことができます．

紙も同様で，あまり繊維をつめてしまったり，しっかり繊維どうしをくっつけたりすると，引張強さは高くなるのですが，引裂強さは低下します．

紙を4枚重ねて，真中を少しあけて，両方をしっかりとクランプで固定します．中央端にナイフで2cmの切れ目を入れ，紙を挟んだまま片方だけを振り子の力で振ると，紙は反対方向に引き裂かれることになります，この引き裂くときの抵抗を読み取り，16枚の紙にしたときの抵抗値をエレメンドルフ引裂強さといいます（内部引裂強さともいいます）．

引裂強さの場合，他の紙と比較したり，坪量が少しずれた紙と比較するために，坪量で割って100を掛けた比により引裂強さ（tear factor）を表すこともあります．

(5) **破裂強さ**

今ではあまり見かけなくなりましたが，お菓子を入れてもらった紙袋のお菓子を食べ終えた後に，口で空気を吹き込み，紙袋をふくらませて，入口を押さえてから，両手で力強く柏手を打つように打って，紙袋をパンとならして，ビックリさせたことのある人もいると思います．このとき，紙袋は正にビックリするくらいの音を出して破れます．これは紙があまり厚くなくて，少し強い方が大きい音になります．

これが破裂強さです．包装紙，包装容器として紙を考える場合，引裂強さ，引張強さなどのようにきちんとした方向性を持って力が加わることは少なく，内容物が内側から紙容器を押したり，逆に箱の角がぶつかって押されるなど，紙面に垂直な方向でかかる力が多く，この力を要求される場合が多くあります．破裂強さ自体は，引張強さ，伸び，引裂強さが重なりあった強さなので，いずれも強ければ，破裂強さは強くなります．

紙をドーナツ状のクランプでしっかり固定し，中央（ドーナツの穴の部分）の下にあるゴム製の膜を紙を押し上げるようにふくらまします（ちょうど小さな風船をほっぺたをふくらますように圧力で

ふくらませていきます).

そうするとある所で紙はもう伸び切れない,引っ張り切れない状態になり,パチッと破れます.このときの圧力を破裂強さといいます.ほかの紙の強さと同様に,坪量で割って100を掛け,比破裂強さ (burst factor) で表すこともあります.これを力比ということもあります.

(6) 衝撃引張強さ

紙は徐々に引っ張って行くとかなり強いのですが,衝撃的な力には意外と弱いことがあります.紙製の手提げ袋に買い物した物を入れて,さあ帰ろうと強く引きあげたら,ビリッと破れたことがありませんか.

これは,紙の衝撃引張強さの弱いことが原因です.引張強さを測定するときの伸びの大きい方が紙のねばりがあり,このような衝撃には強くなります.

振り子の支点を境に反対側に紙を固定し,振り子が振りおろされて破断するまでの仕事量を衝撃引張強さとします.

ほかにも,紙で輪を作り,この輪を(茶筒をたてたときの上から)圧縮して,圧縮強さ(リングクラッシュ)を測定したり,紙を湿潤状態にしたときの引張強さを測定したりして,紙の包装資材としての機能,適性をみることができます.

(7) 耐折強さ

一般には,紙幣とか地図など,折りたたむことが多い紙に求められる特性の一つですが,何回折りたたみを繰り返したら紙が切れるか(破れるか)で表します.包装用紙では,直接,この回数が問題となることは少ないのですが,紙の劣化,リサイクルの程度を知るのには適しています.

また,この耐折強さの試験を応用して折りつけの程度を調べて,

包装紙の包装適性（角などがしっかり折れるか否か）を見ることもできます．

逆に，折られた背に割れが入ることは，マイナスの特性です．折り割れは板紙に数とおりの罫線（深さを変えて表面だけ切る）を入れ，180°折り曲げたときの割れの発生で見ることができます．

（8） 防水性，耐水性

防（耐）水性というのは，例えば包装した品物が，雨に濡れたり，露がついたりして，水が付着したときに，これらをいかに防ぐかということです．紙は，その性質上，一般には，水を吸いやすく，浸透しやすい特性を持っています．そこで，内容物を保護するためにも，防水性や耐水性という性質が要求されます．この場合，初めから水をはじいてしまって水がつかないようにする（撥水性）方法や，浸透しないように紙の表面のサイズ度をあげたり，あるいは疎水性の膜をつくることで水の浸入を防ぎます．

水の浸透性は，吸水度，吸水速度で測れます．疎水性，撥水性は紙の上に水を一滴落として，紙表面と水との接触角を測ったり，サイズ度として把握します．各種の測定方法がありますが，水が裏面から表面に抜けるまでの時間で表す測定値をステキヒトサイズ度といいます．吸水度は，垂直に立てた紙の端から水を毛細管力で吸い上げさせて，一定時間後の吸水高さや，100 cm²の紙が吸う水の量で測ります．前者をクレム法，後者をコップ法といいます．

クレム法で，一定時間ごとの吸水高さを記録することにより，吸水速度や，吸水に関与する毛細管の太さなども算出できます．

また，1秒以下の短い時間における吸水量や吸水速度を測定することも行われています．これは，包装紙とは直接関係がないのですが，短い時間での吸液現象が測定できることにより，印刷機での水の浸透挙動，インクの吸収現象などを把握できます．紙を高速下で

使用する上で，液体と接触するときの特性値に応用されています．

（9） 防湿性，ガスバリヤー性

紙は親水性を示しますし，多孔質（小さい孔がたくさんあいている構造）ですので，そのままではどうしても湿度（水）の往き来を防ぐことができません．一方，紙自体は水分の吸放湿を敏感に行いますので，少量の湿度変化や，密閉容器内での湿度変化に対して対応できますが，それ以上の湿度や環境下では難しくなります．

円柱容器の中に調湿剤を入れた後，同じ大きさの円に切った紙を容器の口に貼ってふたをし，一定時間で水分がどのくらい往き来するかをみます．

湿度も一種のガスですが，食品関係では，水蒸気のほか，エチレンガス，二酸化炭素ガスなどの透過性あるいはバリヤー性が要求されます．そのため，通過するガスの，紙を挟んだ前後の差圧を測定したりして，ガスバリヤー性を測定します．臭いもガスの一つに考えられます．

（10） 耐油性，耐脂性

油製品，スナック菓子や乳製品など，食品関係には耐油性を要求されるものが多くあります．

耐油性は，テレビン油に着色染料を混ぜ，紙につけ，裏に抜けてくる油の量から判断します．次工程で溶剤などの加工が入る場合には，別途耐溶剤性が必要となります．

ひまし油，トルエン，ヘプタンを一定割合に混ぜて油が浸透するときの配合比から番号をつけて，キット表示する場合もあります．

（11） 耐熱性

耐熱性は，レトルトパックの紙包装容器や，熱い内容物を入れる場合などに要求されます．空気の比熱が高く，セルロースの比熱も高いので，紙製品の耐熱性は高く，熱が伝わりにくいのです．

昔のアイロンの握り手, 鍋敷などは木材の比熱を利用した耐熱材といえます. 紙も木と良く似ています. 紙を折って鍋敷を作っていたこともあります.

紙の場合, 耐熱性を上げるためには, 紙中にいかに多くの空気を入れておくかがポイントになります.

(12) 遮光性

これも包装紙にとって大切な特性です. 内容物が光で劣化したり, 変化するような場合, 光をさえぎることが必要になります.

これは, 紙でいうと, 不透明度, 不透明性とほぼ同じ意味になります. 紙の不透明度は反射率で測定でき, 紙の裏に白色板を当てたときの反射率と, 裏に黒色板を当てたときの反射率から, 不透明度は算出されます. 与える光は緑色フィルターで濾過された光が使われます.

・第二の機能 《作業適性》

包装紙に要求される第二の機能として, 作業適性があります. 印刷を行うとき, 製函を行うとき, 包装作業を行うときに分けられ, 印刷においては紙のくせ, カール, 伸縮, 表面強度, インキ着肉性, 引張強さ, こわさがあり, 包装作業ではこわさ, 滑りやすさが必要とされます.

製函性（箱を作る）では折曲強さ, カール, 糊付け適性, 打抜性などの特性が必要となります.

（1） カール

カールと呼ばれる紙の特性は, 製函だけでなく, 製紙工程, 加工工程, 印刷工程など各場面に出現してトラブルを発生します. 本来, 紙は平らであることが望まれますが, どちらかにそるように湾曲します. これをすべて総称してカールと呼びます. 髪の毛がカールす

るというのと同じ意味です．

　紙を抄造するときにワイヤー（網）に接していた側をワイヤー面（wire side），反対側でプレスフェルトに接していた側をフェルト面（felt side）といい，抄紙の進行方向を流れ方向（machine direction），進行方向と直交する方向を幅方向（cross machine direction）といいます．

　紙は平面ですので，カールする面（丸まっているときの内側）とそのとき，屋根のといのように水が流れていく方向（カール軸）を持ってカールします．そこでこのカールを表現するときにどちらの面をカール面にしたか，カールの軸はどちらかを紙の面，方向で表します．例えば，MWカールというように．MWカールといった場合には，カール軸が流れ方向（machine direction）で，カール面はワイヤー面（wire side）となります．またカールの大きさは大きな円の円弧と考えて，その円の半径（曲率半径）やこの逆数の曲率で表現します．

　では，カールはどうして起こるのでしょうか．

　まず，そのままの状態でカールしている場合ですが，紙をテーブルの角でしごいてみてください．しごけばしごくほど，カールしてクルクル丸まってしまったと思います．このようにできあがったままの状態でカールしているのは，紙の片側が少し伸ばされたかあるいは縮んだかしているからです．

　もう一つ，環境が変わってカールする場合があります．少し薄い紙を5 cm四方ぐらいの大きさに切って，手のひらの上にそーっと載せて上から息を吹きかけて見て下さい．紙は息を吹きかけた反対側にカールしたと思います．呼気の中にある水分を紙の表面が吸って，片側で紙が伸びたのです．この現象は紙を静かにつるして一定の湿度の中に置いたときにも見られることがあります．この場合も，

5.1 贈り物を包む

湿度で片側の面が伸びた結果です．

　手のひらの上に置いた紙は，良くみると吹きかけた側にカールしてきてはいませんか．これは，伸びた後に水分が飛んで，縮むとき，前よりももうちょっとだけ多く縮んでしまい，反対にカールしてしまったのです．

　このように，紙の片側の面だけが伸びたり縮んだりするとカールを起こします．

　紙はワイヤー面では，ワイヤーの網目から細かい粒子状の塡料や繊維のかけらが水とともに抜け落ちますが，反対のフェルト面ではそのようなことがありません．このためどうしても，表裏差といって，紙のワイヤー面とフェルト面には構造的，物理的な差が生じます．

　また，抄紙するときに，和紙の溜め抄き（漉き上げて静置し，そのままにしておく）と異なり，流れ方向に繊維は流れながら脱水，抄紙されるので，どうしても方向性ができます．さらにこの繊維の方向性もワイヤー面の方がまっすぐそろいやすく，フェルト面の方がバラバラ（ランダム）になりやすい特性を持ちます．紙になる木材の繊維は，細長い管状をしていますが，乾いた状態から水分を与えると，長い方向（軸方向）より直径方向の方が20〜40倍も伸びます．このため，繊維がMD（machine direction）に並んでいれば，その紙に水分を与えるとCD（cross machine direction）方向がたくさん伸び，かつワイヤー面の方が多く伸びます．こうすると紙はMFカール（カール軸は流れ方向で，カール面はフェルト面）になります．

　さらに，抄紙機で紙は脱水，プレス後，乾燥されますが，この乾燥のされ方で，カールが微妙に変化します．先ほどとは逆に，乾いて行くと縮みますが，このとき，縮まないように引っ張ったり，乾

燥されない面からの抑制（縮もうとするのを妨げようとする）が働きます．この結果，紙はある程度ひずみを持って乾燥されることになります．紙の繊維の伸び縮みとこのひずみの弛緩(しかん)によってカールが起こります．

このようにカール自体がたくさんの要素の集まっていることと，三次元的な形状変化ですので，カールを物理量で表すことは難しく複雑です．簡便な方法としては，カールを測定しようとする紙をテーブルの上において紙の四隅の高さを測定したり，2方向からつり下げてそのときの曲率を計測したりします．

最近では，MD，CD，45°の3方向から5 mmの幅で50 mmほどの長さのサンプルを切り取り，おのおのをカール曲率が真上から見えるように保持して測定するとともに，繰り返し湿度を変えて，そのときのカールの変化を調べ，これをもとに，ひずみの成分，繊維の配向性の成分，表裏差の成分に計算することも行われています[68]．

一般には，叩解を進めていくとカールしやすくなりますし，表裏差が少ないと（例えばツインワイヤー抄紙機で抄造すると）カールは小さく，少なくなります．

（2） **糊付け適性**

紙と紙をくっつける（接着させる）ためには，接着剤も重要ですが，紙の表面の性質，紙の構造も接着強さに影響するので重要です．

紙表面にある凹みあるいはインクつぼ（入口が狭くて中が広い孔）に接着剤が錨をおろすように浸入して固まれば，接着強度は増してきます．特に紙の場合には表面に円柱状の繊維が多数横たわって凹凸を形成したり，空孔を作ったりして複雑な三次元構造を作っているので，この内部にまで接着剤が浸入し，1本1本の繊維とも良く接着すれば，強い接着性を示すことになります．

5.1 贈り物を包む

さらにミクロ的に細かく接着剤と繊維の表面を見ると，接着剤を構成している分子とセルロース分子の間に引力が働いて（ファンデルワールス力といいます）強力に引き寄せあっています（くっついています）．この力は分子と分子が近づくほど強い接着力になります．このためには，一般に濡れという現象が要求されます．

木の机の上に水銀の粒を落とすとコロコロとして，どこまでいってもいつまでも机の表面になじもうとしません．これに対して，水を落とすと最初はビーズのように球面を作っていますが，次第に木の上にベタッと寝るように平らになって，しまいには木にしみ込んでしまいます．ところが，水滴をテフロン加工したフライパンの上に落とすと，水銀を机の上に落としたのと同じ現象が見られます．

このように液体が物体の表面にある角度以下をなしてとどまることを濡れといいます．これは，液体の種類と相手の物質の化学的な性質で決まります．一般に，液体と物体とのなす角度を接触角として表し，接触角が小さいほど，良く濡れるということになります．

接着は，この濡れが良いと強くなりますが，実はもう一つの力もかかわっています．それは表面張力といわれるもので，液体の場合，表面張力が大きいほど，コロコロとした球を作ります（これは，できるだけ小さな表面積になろうと力が働いているからで，表面積の最も小さい球体になります）．この表面張力，正確には相手の表面との間に働く表面張力ということになりますが，この力と接触角との関係で接着力は決まります．接触角が小さい（良く濡れる）ほど，また表面張力が大きいほど，接着力は大きくなります．

一方，植物の葉の上の露は丸まってコロコロしています（里イモや蓮の葉でよく説明されますが，最近ではほとんど見かけずイメージがわかない方も多いと思います．その場合はカシミヤのセーターでも結構です）．植物の葉自体は親水性なのに不思議に思われたこ

とと思います．これは葉の表面が細かい凹凸でできており，水が濡れようにも，その凹凸の中に入り込めず，水の表面張力で液滴を作ってしまうのです．こういう表面では見かけの接触角が大きくなり濡れなくなるからです．

紙の表面においても同様なことが起こります．このため，接着力を高めるためには，表面を平滑にしたり，接着剤との濡れを良くする［親和性（affinity）を良くする］ことが必要です．

接着力は，紙と紙を接着剤で合わせ，接着，固化した後，2枚を割るようにしてはがすときの力としてあるいは紙の面と直角な方向に両方から引っ張って測定します．

最近は接着剤も多種作られているので，接着剤による接着強度不足は少ないようですが，紙の構造への浸入，紙あるいはセルロース表面との濡れ性の悪さ，あるいは乾燥速度が遅いことなどが問題になります．また，紙では，接着面と接着剤層が強くなると紙の中間ではがれてしまう層割れといわれる現象が起きます．この場合には，層間強度という紙の内部の結合強度を高めることを行います．

コート紙においては，塗工層の強度と塗工層と紙との界面での強度も重要です．

接着剤が水系の場合は，紙への塗布，接着，乾燥の間に表面や横からだけ水が蒸発することはなく，水は紙層，あるいは紙を構成する繊維にも浸透していきます．この場合，繊維が膨潤して紙層構造を変えます．この構造変化及び最終的に乾燥するときの構造変化が接着を不十分にすることもあります．また，収縮によって接着面付近にしわが発生することがあります．この場合には，紙に耐水化剤や，サイズ剤を付与するか，接着剤の濃度を高めるか，接着剤の溶剤を変更するなどの対応が必要です．

また，乾燥速度が遅い場合の例として，子供のころに工作をして

5.1 贈り物を包む

いて思うように行かなかった経験を思い出して下さい．箱を作ろうとのりしろにのりをつけて貼りあわせるのですが，手を離すとすぐに元に戻ってうまくくっつかず，箱ができなかったことがあると思います．これは，紙のこわさ，剛性が強いために元に戻る力の方が，接着剤が乾燥して接着力を発揮する前より強いからです．同様に折り曲げがしっかりできなかったこともその原因です．

段ボール原紙や板紙で箱を作る場合には，折り目に当たる稜の部分にすじ目をつけたり，背中に切れめを紙層の1/3くらいまで入れたりします（罫線といいます）．これは，紙が折られるときの背中側では紙層が伸ばされますが，この伸ばされる部分はすぐに縮もうとするので，ここを立ち切ってしまうことによって折り目をしっかりつける（直角などに曲げる）のです．また，すじを入れることにより，その部分の繊維間結合を部分的に壊してしまうことと，密度を高くしてあらかじめ変形を起こしておきます．こうすると，しっかり折ることができます（図5.1）．

折りや割れとともに，糊付け適性は紙の水分と深く関係していま

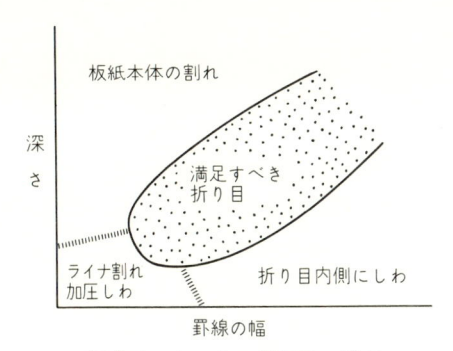

図5.1 カートン用板紙，満足すべき折り目範囲[16]

す．水分が高いほど折れやすく，割れにくくなります．これは，繊維間結合がゆるくなることと，紙の伸びが大きくなるためです．

・**第三の機能**《商品価値を高める》

　包装紙に要求される第三の機能として，商品価値を高める機能があります．このためには，要求されるデザインどおりに表現，再現できることが必要で，印刷適性，表面の光沢性（光沢が良いだけでなく，要求に合う表面の光学的性質，粗さ，色を持っているということ），折り曲げ適性，こわさ，柔らかさ，染色性，糊付け適性などが必要です．ほかには，耐久性，耐候性（光や温湿度の変化で紙が変質しない性質），経済性なども重要でしょう．

　そのほかにも，香り，無害，無毒，無臭，防菌，防黴性，回収性，焼却性，耐腐敗性，耐薬品性など，さまざまな特性が機能を満たすために要求されます．

5.2　印刷——グーテンベルグから　　　　　プリントゴッコ®まで

　本，新聞，ポスター，カレンダー，パッケージなどで，ほとんどの紙は印刷されています．鏡のようなキャストコート紙から，特殊な包装紙に見られるざらざらの紙，そのほかのいろいろな紙も同様に印刷されています．印刷技術としては，水と空気以外には印刷できないものはないとさえ言われますので，工夫すればどんな紙にも印刷できるのでしょうが，大量に印刷される場合などにはやはり印刷しやすい紙，カラー印刷が良くはえる紙などという差があります．

　印刷方式には，グーテンベルグが発明したことで知られている活版印刷，湿し水を使うことが一つの特徴であるオフセット（平版）

印刷，写真のようなグラデーションを表現できるグラビア（写真凹版）印刷，プリントゴッコ®でなじみの深いシルクスクリーン印刷などがあります．

・機　能

印刷するとき，紙に要求される機能にはどんなものがあるのでしょうか．大きく分けると，印刷作業性と印刷適性（この言葉自体，印刷全体を指すことがありますが，狭義には印刷品質を満たす特性，機能を指します）になります．

印刷用紙がいかに問題なく印刷機械の中を速く走っていくか，また印刷された用紙が問題なく次工程（折り，丁合，製本など）に送られるかといった機能と，印刷がきれいに仕上がるか，印刷されているときに紙がムケたり，印刷機や刷版を損傷させることはないかという機能です．

・凸版印刷

活版（凸版）方式では，版の出っ張ったところにインキをつけ，これを直接紙に転移するので，印刷物のできばえが力強く，鮮明なのが特徴です．このため高級本，医薬品のパッケージなどの印刷に使われます．

用紙の平滑性や圧縮性が不足するとざらついた感じになります．また吸油性が悪いとベタ印刷部でムラが発生するので，活版印刷用紙には平滑性，圧縮性，吸油性が要求されます．

・オフセット印刷

オフセット印刷は現在最も普及している印刷方式で，カラー印刷ができること，各種の紙に印刷ができることが特徴です．

版の表面に親油性の画線部(印刷しようとする部分)と親水性の非画線部を作ります.湿し水と呼ばれる水を薄く塗ると,画線部は水がはじかれ,その他の部分は水の薄い膜ができます.次にインキをその面に塗ろうとすると,水の膜がついているところはインキが水ではじかれて付着せず,水のつかなかった画像部にだけインキがつきます.これをブランケットと呼ばれる弾力のあるロールに写しとり,このブランケットから紙にインキを転移させて印刷を行います.

このブランケットの弾力性のおかげで,表面の粗い素地にも印刷を行えますが,活版印刷ほどの印刷の力強さはありません.

用紙の平滑性はあまり必要とされませんが,表面強度(紙粉としてとられないことなど),特に湿ったときの表面強度と(湿潤強度,ウェット強度という場合もあります),紙は水分で伸び縮みするので寸法安定性が必要とされます.

オフセットインキは凸版インキに比べて,粘度やタック(ねばり気とインキの粘着性)が強く,インキの中に顔料を入れて皮膜の薄さを補います.また湿し水は酸性ですので,インキ中に混じり,乳化しないように考慮してあります.

・凹版印刷,グラビア印刷

凹版印刷は美術印刷や,お札や切手の印刷で良く知られていますが,彫刻凹版とグラビアがあります.彫刻凹版印刷は,銅版にビュラン(金属用彫刻刀)などで画紋を彫り,そこにインキを残して,そのインキを紙に写し取る印刷方式で,インキ皮膜の厚みが数十~数百マイクロメートルになるほど盛り上がるのが特徴で,日本のお札もそうですが,印刷面を指先で触れるとインキの盛り上がりが分かるほどです.印刷に深みや重厚さがあります.

グラビア印刷というのは写真凹版のことです．凸版やオフセットとの違いは，図柄の濃淡を網点と呼ばれる小さな点の数，大きさの集合で現すのではなく，版の深さでインキの盛り量を変えることです．

凹版用の紙には，大きな圧縮性と平滑性が必要で，彫刻凹版では紙を濡らして紙に平滑性と圧縮性を付与し印刷することも行われます．インキはオフセットよりわずかに粘性とタックが高い傾向のものを使います．

グラビア印刷では，高速で印刷されることなどの理由から，低粘度のインキを使用するので，用紙には高い圧縮性と平滑性及び吸油性が要求されます．

・シルクスクリーン

シルクスクリーンは，今までの3方式とは少し異なります．

絹（シルク），化学繊維，ステンレス繊維で織られた細かい網目の紗の上に，耐酸性の感光膜を塗り，原版をおいて焼きつけると，光を通さない画線部は感光膜が固まらず水で洗い流されてスクリーン（網目）がむき出しになります．このできあがった版の下に紙を置いてインキをゴムスキージと呼ばれるヘラでかき落としながら塗ると，画紋が印刷できます．高級スカーフの印刷でもこの方式を用いているように，被印刷部の素材，凹凸を選ばないことが特徴です．年の瀬が近づくと各家庭で年賀状を刷るために使う感熱式ミニ印刷機（プリンドゴッコ®）もこれの一種です．

・紙の特性

以上の要求特性をまとめると，紙が平らなこと（カールがなく，しわ，波打ちなどがないこと），寸法安定性が良いこと，引張強さ，

引裂強さ, 表面強度, 表面の平滑性, 圧縮性, 吸油性, 湿潤表面強度, 地合い, 塗工の均一性となります.

次に紙のこれらの性質と紙の構造との関係, 印刷上のトラブルとその原因について考えてみたいと思います.

・圧縮性

紙の内部にはたくさんの孔や空げきがあり, また, 紙を構成している繊維の真中にもルーメン（内腔）といって細い管状の空間があります. 繊維の壁の比重を厳密に測定すると1.55くらいになります. これは紙の見かけ密度から計算した値の1.5倍から2倍の値になります. その差というのが空間ということになります. 紙の場合には表面が凸凹しているので, 表面にある凹みも含みます.

そこで圧力をかけていけば, 紙はどんどん締まってきます. これを圧縮性といいます. 印刷において, 印刷インキが乗る版のところの表面が凸凹している場合, 凸部は押されて引っ込み, 全体的に平らになり, 版の圧力を均一に受けることができます. 新聞用紙などに用いる機械パルプ（GP）の場合, 圧縮率は55～60％になり, クラフトパルプなどの化学パルプでは圧縮率は30％くらいになります. コート紙では圧縮率はさらに小さくなります.

20年以上前のヨーロッパのファッション雑誌にはカヤツリ草の仲間のエスパルトという草から作ったパルプが使われていたそうです. これは華麗なファッションを彩るグラビアページの印刷を美しく仕上げるために圧縮率が55％というこのパルプを配合して紙を作ったのでしょう.

印刷されているとき, つまり印刷の圧力が紙にかかって紙にインキが転移するためには圧縮されることが必要ですが, 印刷が終わったときには, もとの厚さにできるだけ早く戻る特性も必要です. こ

れは紙の厚さが減少すると紙のこわさがなくなり、その後の排紙がスムーズに行かなくなるばかりでなく、締まった紙になり、手肉感、表面性がマイナスの方向に行くからです．

　紙の締まり具合，手肉感は密度で表すことができます．この紙の密度は坪量［$1\,m^2$当たりの重さ（グラム数）］を厚さで除して算出されます．

　圧縮率は，紙を二つのヘッドで挟み圧縮していったときの荷重，時間，変位を自動的に記録して算出され，印刷用紙の場合は表面平滑性と併せて考慮されます．圧縮率はパルプの種類，叩解度，水分率で決まります．

・平滑性

　平滑性は版面上のインキが転移されるときに圧縮性とともに重要ですが，グラビア用紙では特に重要です．このため，グラビア用紙は表の平滑性を高めるために，キャレンダー加工を行ったり，抄紙，製造工程で平滑性を出す乾燥方法をとったり，塗工を行ったりします．

　グラビア印刷では，全体の平滑度はもちろんのこと，版の一つ一つのセル（四角の凹み）及びセル内のインキをいかに再現できるかも重要で，このためミクロな部分での平滑性も要求されます．

　紙の表面を，非常に接近して見ると，凹凸状態などが地表の山谷のように把握できます．

　その方法としてはいくつかあります．臨場感あふれる観察方法の一つとして，走査型電子顕微鏡を使って，右目用と左目用の2枚の映像を作り，おのおのを左右の目で見る，いわゆるステレオスコピックに観察する（立体視）方法があります（図5.2）．また，紙の表面を小さな軽い針を走査させて凹凸をなぞって三次元図として表

図 5.2 辞書の紙表面のステレオ走査型電子顕微鏡写真

す方法もあります．いずれにしても，紙の表面はミクロ的にみると山あり谷ありです．普通の紙ですと表面に繊維の太さに起因する20〜30μmの凹凸がありますし，コート紙でも数マイクロメートルの凹凸があります．

これを実際の印刷下で観察できるようにした測定器もあります．紙の表面にプリズムをのせ，印刷圧力と同じ圧力を加えて横から見ると，プリズム面が平版印刷の版面となり，版に紙が接している様子が見えます．これを印刷平滑度として表すこともできます．この映像を見ると，上級印刷用紙はもちろん，コート紙でも，元になっている紙を構成している繊維に沿った凸部が版に広く接触しています．実際には，このすき間に印刷インキが入るので，このミクロ的な凹凸による印刷品質の低下は緩和されます．

もっと手軽に紙の表面の平滑性を測定するには，紙を二つの平らな板で挟み，平らな板と紙表面との間に形成される紙の凹凸に起因

する空げきに空気を流し，一定時間に流れる空気の量を測定して平滑度とします．表面が平滑なほど，すき間がなくなるので，流れる空気の量は少なくなります．

・吸油性

　紙は抄紙されるとき，繊維が折り重なるようにして積層された後，脱水，乾燥して作られるので，紙の構造はこの繊維の積み重なりによってできています．割りばしをたくさん集めて，テーブルの上に積み上げた状態を考えて見て下さい．この割りばし1本が，パルプ繊維1本ということになります．割りばしと割りばしの間には複雑な空間，すき間ができます．これと同じものが紙の内部にもあります．紙の場合，繊維が20 μmくらいと小さいので，すき間はこれ以下の毛細管となります．

　この毛細管に油［インキ中のビヒクル（顔料を分散させ，インキに流動性を与える液体成分）］が浸透する速さと浸透量を併せて吸油性といいます．

　接着剤と同じく，浸透するためには毛細管の太さのほか，油の表面張力，粘度及び油と繊維（毛細管を形成する内壁）との接触角，時間が関係してきます．

　ビヒクルの表面張力は30～40 dyn/cmで，水の72 dyn/cmに比べて小さいため濡れやすく浸透しやすいといえます．

　インキのビヒクルが変わらない場合，毛細管が太いほど，また接触角が小さいほど，吸油性は高くなります．印刷圧力が加わると，この圧力で圧入されることになり，毛細管の半径がその浸透量を決定します．

　吸油度は，ビヒクルのモデルとなる油を紙の上に滴下して，紙中への油の浸透とともに光の反射率が変化することを利用して自動的

に測定したり,垂らした紙を油に接触させて時間とともに毛細管現象で吸油される高さを測定する方法などで把握されます.また,印刷を想定した,動的な吸油度,短い時間での油の転移,浸透挙動を測定することも行われています.

・表面強度

印刷されるときにインキが版から紙へ転移しますが,このときインキはちょうど粘着テープのような役目をします.紙の表面が弱ければ,表面にある微細繊維や填料あるいはコーティングカラー(塗工層の一部)がはぎ取られますし,紙の方が弱ければ,紙の内部で割れるように層の途中ではぎ取られます.オフセット印刷のように湿し水がついたとき,あるいは多色印刷で何回か紙が版の下にさらされるときなどにはさらに複雑で高い表面強度が必要となります.

印刷速度が速くなると,この条件はもっと厳しくなります.紙の上に粘着テープを軽く貼っても,速く引きはがすとほとんどの紙は破れたりムケたりします.このことからもわかると思います.

このような表面強度は固さの異なるワックス(ロウソクとプラスチックの中間的なもの)を,熱で熔かして紙の上に押しつけて固め,冷えてからはぎ取り,紙がムケるか否かを目で確認します.ヨーロッパで古くから封書などのシール(封ろう)に使っているシーリングワックスと同じです.このワックスの固さがいろいろあるので何番目の固さのワックスで紙がムケ始めたかで紙の表面強度を見ます.

ほかには,モデル印刷機を使って実際に 10×200 mm の大きさの紙に印刷してそのときの表面強度(紙がムケるかどうかといったような現象)を見ます.

オランダの Stiching Instituut voor Grafishe Techinek T.N.O.で開発された IGT 印刷試験器では,印刷速度を加速度で変えられる

ので、どの印刷速度で紙がムケ始めるかを知ることができ、紙による表面強度の違いなどがわかります．最近では、いろいろに改良された印刷試験器が開発され、使用されます．

紙の表面強度をあげるにはパルプの選定、叩解を進めることのほかに、でんぷんやポリビニルアルコールといった表面サイズ剤あるいは表面紙力増強剤、内添紙力増強剤、湿潤紙力増強剤を添加、塗工します．

・**印刷トラブル**——チョーキング，プリントスルー，パイリング，
　　　　　　　　ブリスタリング，モットリング

以上のほかにも印刷適性に関与する機能、性質がありますが、これらはテスト印刷機あるいは実機印刷テストで確認します．

印刷における代表的なトラブルの中から紙に関係するものをいくつかあげてみます．

チョーキングは印刷面をこすったときにインキ中にあった顔料がとれることで、紙の吸油速度が速い場合、あるいはインキの組成上の問題からビヒクルと顔料の浸透速度が変わり、ビヒクルが速く浸透する場合に起こります．

裏抜け（プリントスルー）は透き通し（ショースルー，紙の反対側から表の印刷が透けてみえる現象）と浸み通し［ストライクスルー，裏抜け，インキの粘度が低過ぎたり、紙の吸油性が高かったり印刷圧が高かったり、インキの盛り過ぎなどにより紙の反対側へ（裏面へ）インキやビヒクルがしみ出る現象］に分けられます．前者では、紙の不透明度不足、吸油速度が速いことと吸油量が少ないことが、後者では吸油性が良いこと、地合いが悪いことなどが紙側の原因として考えられます．

ショースルーはビヒクルの屈折率と紙を構成している繊維の屈折

率が似ているため，すりガラスに水をつけたときのように透明性が増すことも大きな要因です．

裏移りは，印刷されたインキの皮膜がまだ乾いていないうちに紙を重ねてもう一方の紙の裏側にインクが移ることをいいます．逆にこの現象が起こらないことをセットが良い，セットが速いというふうにいいます．これも紙の吸油性と密接に関係します．基本的には紙表面あるいは紙中に毛細管が少ないとセットが悪くなります．

パイリングは印刷中に版やブランケットに紙粉や顔料，塡料が堆積することをいいます．主に非塗工印刷用紙のフェルト面で，塡料が多く，表面サイズが不十分な場合に表面から塡料がとられてブランケットに堆積することなどが原因です．

パイリングまで行かないものの，紙粉などが剥離して印刷品質を落とす現象はダスティングと呼ばれます．

ヒッキーはインクの皮膜や紙表面上にあった異物がブランケットあるいは版面について印刷されて起こるもので，異物のまわりが白くリング状に抜けるのが特徴です．

また，紙の表面から繊維，組成の一部がとられるトラブルをピッキングといいます．特に広葉樹パルプ中の大きな道管要素（ベッセル）がとられることをベッセルピックといいます．

ブリスタリングは火ぶくれといわれるもので，オフセット輪転印刷において，インキ乾燥時の加熱により，紙中の水が蒸気となってふくれ，紙層内部で割れが生じ，印刷面がふくれる現象をいいます．

モットリングは紙の部分的な密度ムラやコーティングカラー中のバインダーの分布ムラにより，印刷インキの受容性が不均一となり，まだらになることをいいます．

印刷面光沢，着肉性（インキの転移付着性），濃度，その他印刷に要求される品質と相反するトラブルも多種ありますが，紙の特性

をうまく使って、印刷適性を維持する紙の品質維持が重要です。

以上の印刷トラブルは、紙だけの要因より、印刷インキ、印刷機、印刷条件の要因が重なって発生します。

5.3 記録紙——コピー用紙、FAX用紙、プリンター用紙

ワープロ、パソコンは、個人の机の上にまで普及しましたし、ファクシミリも家庭に普及しつつあります。また、PPCという言葉が定着するほどコピー機は世の中の必需品になりました。これらはいずれも何らかの型で紙に出力します。ワープロ、パソコンはフロッピーディスクなどの磁気メモリーを使って、情報の交換あるいはCRT［画面（陰極線管）］で、情報の伝達は可能なのですが、どうしてもハードコピーという型で、紙を中心とした記録媒体に記録、印字して情報のやりとり、確認、果てはファイリングまでを行っています。

資源問題に始まったゴミ問題もオフィスから出る紙のゴミ（CPO、PPC）がかなりの割合を占めており、当分OA機器と紙の関係は続きそうです。これらの紙は、ハードコピー、プリントアウトも同じようにみえますが、実はたくさんの種類があってそれぞれ要求特性が微妙に異なり、そのため機能も異なっています。

入出力装置、端末装置とOA機器の関係から紙と関係のある物を拾ってみると、コンピューター用入出力装置ではOCR、OIR［光学的図形（イメージ）読み取り装置］、OMR（光学的マーク読み取り装置）があります。コンピューター、ワープロ出力装置では、プリンター（インパクトプリンター、ノンインパクトプリンター）、プロッター（図形画描装置）があります。ほかにファクシミリ用プ

リンター，複写機（PPC，カラー PPC など）があります．

いずれも紙を使う関係から，給排紙機能，走行機能（紙力，寸法安定性，カール）が要求されるほか，情報記録に関して解像性，濃度，耐候性といった記録，複写に関する機能が要求されます．

その機能は，大きく分けて情報記録方式によって異なり，ここではいくつかに分けて考えます．

インパクト方式では感圧記録紙（ノーカーボン複写紙）を，ノンインパクト方式では，感熱記録紙，感熱転写記録紙，電子写真記録紙，インクジェット記録紙をとりあげます．この分野は技術革新が速いスピードでなされており，細かく分けたり用途別に対応させた紙を含めると多岐に渡るので，紙に要求される特性，あるいは付与する機能が類似したものの整理にとどめます．

・感圧記録（紙）

ワイヤードット（小さなプリンターヘッドの中に細い針金が圧力を加える方に向かって多数並んでおり，これが出入りして印字する）や人の書く圧力で記録，複写を行います．最近では感圧記録紙と特に呼ぶときには，ノーカーボン紙と呼ばれる紙，または複写，記録方式を指します．紙の裏面に発色剤を封入したマイクロカプセル（直径 $1 \sim 30 \mu m$ で，寿司ネタになるイクラを小さくした粒のイメージです）を塗布しておき，記録しようとする紙（受け紙）のおもてには，活性白土などの顕色剤を塗工します（このセットの繰り返しで複数枚複写できることになります）．圧力が加えられるとカプセルが破れ，発色剤が下の紙に移り顕色剤と合わさって発色するものです．カプセルや顕色剤を紙の片面あるいは両面に塗布するので，これらの塗工適性が紙に要求されます．

• 感熱記録(紙)

ワイヤードットの代わりに微小なワイヤードットの断面積に相当する面積で発熱して(サーマルヘッドといいます),紙の表面に塗布された感熱カラー層の感熱発色剤が発色して記録するタイプです.ファクシミリの出力などでよく見られます.紙は感圧記録紙同様,(感熱)塗料を塗工するので,塗工原紙として要求される基本特性は類似しています.

以下は基本的に情報記録用紙でも表面に感熱塗料などを塗っていない普通紙記録用紙です.

• 感熱転写記録(紙)

これにもいくつかありますが,パーソナルワープロ,ハンディーワープロで多用されているのはワックス溶融型感熱転写方式です.これは感熱転写リボンと呼ばれる熱溶融性インキを塗ったフィルムの表からサーマルヘッドを介して熱を画像に従って伝達すると,フィルムに接している紙の表面に,フィルムに塗布されたインキが転写されて情報記録されます.

紙に要求される特性としてはワックスインキの受容性を高めることがまず必要で,このため紙の平滑性を高くしてあります.ワープロ用紙が平滑なのは,この理由によります.熱転写を行うにはフィルムから紙へのワックスインキの転写が必要で,このためには,まずワックスインキが溶融しなくてはなりません.サーマルヘッドから供給される熱は,印字速度とも関係しますが,一般には,少なく短いものです.熱量が少なくても,ワックスインキを溶かすために紙表面を断熱層として,熱が紙に逃げるのを防いで,ワックスインキ層での蓄熱量を増やします.こうしてワックスインキを溶かしま

す．平滑性のほか，紙とワックスインキの仲が良いよう（親油性）にしておくと，ワックスインキは紙に付着します．次いで，この状態で熱が取り去られるとワックスインキ層のどこかで割れて，紙の上にワックスインキが残ります．

最近，熱転写方式も技術開発されて，ラフ紙対応できるヘッド，インキリボンが開発されています．

・電子写真記録（紙）

PPCの略称で呼ばれている複写と基本原理は同じで，コンピューターのアウトプットやファクシミリの出力用に使われるレーザープリンターなどが含まれます．レーザー方式のほかに液晶シャッター方式があります．これらは，画像形成を行わせるのに，複写機のようにミラー（鏡）を使ったアナログ情報は使わず，レーザーや液晶シャッターで行うものです．

帯電したドラムに光を当ててチャージをなくし（白い部分），黒い画像部だけに帯電したトナーと呼ばれる黒い粉を付着させ，次いでこれを紙に転写させてから，熱融着させるものです．光，画像の形成方法だけでなく，帯電のさせ方，トナーの種類など各種ありますが基本の原理は一緒です．

このため，電子写真用記録紙あるいはPPC複写用紙には，帯電させたいときには帯電させて，そうでないときには除電できる電気特性が必要です．トナーの中に含まれる樹脂の種類によって要求される紙の表面物性が変わります．

また，トナーは溶融定着のときにある程度紙中にもぐり込む必要があります．そうでないと，記録した画像が，簡単に改竄されたり，なくなって読み取れなくなります．そこで高平滑紙より，ラフ紙が好ましく，それに電気特性を付与した紙が要求されます．

5.3 記録紙

　また，この方式は100℃以上の高温で画像の定着を行うので，ロール方式，ラジアント方式を問わず，用紙の寸法安定性及び加熱定着後もカールしないことが必要です．

　実際には，紙は加熱されるとひずみがとれたり，熱で片側が伸びたりするために，カールを起こしやすい傾向にあります．カールが発生すると，走行中にジャムと称する用紙の詰まりなどによる機械の停止が発生します．

　このため，印字，複写特性のほかに，ジャムらないための寸法安定性，用紙のこわさが重要です．また機械トラブル時の対応や，プリンター内での断紙を防ぐための紙力も必要です．

・インクジェット記録（紙）

　紙に万年筆で字を書くのと同じことをペン先を少し放してペン先から圧力でインク滴を飛ばして行うのがインクジェット記録です．

　今までの記録方式とは大幅に異なり，水溶性の液体が紙の表面に衝突します．この瞬間に画像を形成させるため，素早いインクの吸収性，耐水性，耐候性の付与（インク液滴と紙表面との反応）が必要です．

　インクの吸収性については，短時間で吸収定着することのほかに，液滴が衝突，定着したときの一つの点（ドット）が真円に近いこと［吸収過程で方向性がないことや，ギザギザ（フェザリング）が出ないこと］，ドットの濃度が高いことが必要となります．

　このため，表面の組成を変えたりして対応します．

　ロール紙（巻いた紙）でもカット紙（四角い紙）でも，また記録方式が異なっても，給排紙性，走行性（搬送性）などの基本機能は共通しています．このため基本としては，カールがないこと，こわ

さと柔らかさがバランスしていること，引張強さ，引裂強さが大きいこと，摩擦係数で示されるようなような用紙のすべりが良いこと，紙粉や異物がないこと，寸法安定性が良いことがあげられます．

OCR や OIR 用紙では，コンピューターの目が読み取れない色相の上に情報を書き込みますが，この場合，コントラストが明確でコンピューターが読みやすいように用紙に色を付けたり（クリーム色に近い），チリなどが混入しないことが必要です．

6. 紙 の 天 性

6.1 カゲロウの羽より軽く

・坪量,連量

　紙の重さは,坪量(つぼりょう)という言葉で表現されます.これは英語でbasis weight［基本の重さ（目方）］と表現しますが,現在では,共通して1 m² 当たりの重さをグラム数でいいます.紙を1 m² の大きさに切って天秤(てんびん)で重さを測って読み取ればそれで良いのですが,普通25×40 cm の板を当てて,それに沿って紙を切り,その重さを測って10倍します.このときの紙を尺判といいますが,その昔,1尺×1尺に紙を切って天秤で目方を測ったので,ここから尺判という言葉だけが残ったのでしょう.坪は,6尺四方の面積だからといって,36倍にしたものではなく,平方形を意味します.昔の尺坪に代わり,坪量を米坪(べいつぼ)というのもこの使い方で,"1 m 四方の紙の重さ"という意味です.

　もう一つの表し方に,連量(れんりょう)というのがあります.平判の場合は製品寸法の紙1 000枚を,板紙の場合は100枚を,また巻取製品の場合は製品寸法の紙1 000枚分,板紙100枚分をいいます.ただし,1 000 m を持って連とする場合もあります.例えば四六T目判(788×1 091 mm の大きさの紙をいいます)の10連巻きといった場合,巻取量を［788×1 091 mm×10×1 000×坪量］で計算する場合と,［788×1 000 mm×10×1 000×坪量］で計算する場合があ

ります．いずれも単位は kg です．

連という言葉は昔，500枚を1連といったための名残でしょう，用紙1000枚をもってキロ連量と表現する場合もあります．紙は◇印の中に，板紙は△印の中に連量の数字を書きます．また数字のあとにRをつけて表す場合もあります．

この連という言葉は英語の Ream ［20 quires（折）＝480枚］が転訛した言葉です[69]．厚い紙，薄い紙という場合，この坪量の大小を含めて紙の厚さといいます．

・**厚さ，密度，束**

紙の厚さは，2枚の平らな板の間に紙を挟み，このときの板と板の間隔をもって紙の厚さとします．

直径16.0 mm または 14.3 mm の平行板の間に紙を挟み，50 kPa または100kPa の圧力をかけたときの厚みを厚さとして1/1 000 mm（µm）単位で読み取ります．厚い紙は mm，薄い紙は µm 単位で表します．

紙の表面は，凸凹していますので，平行板の間隔（厚さ）は，紙の表と裏の凸部と凸部を測っているようになります．そこで紙を数枚重ねて厚さを測った後，その枚数で割って（除して）1枚当たりの厚さを出すと，1枚だけで測ったときよりも 2～6％ 薄くなります．となり合った紙どうしで凹凸が相殺されるのです．

また，水銀の中に紙を沈めて，その浮力から体積を計算し，さらに紙の面積で割る（除す）と厚さを求めることができます．この方法でも完全な厚さの測定はできませんが，平行板法とは 20～30％ の差があります．

本を作る場合などには，紙の厚さにページ数を掛けて本の厚さ（束といいます）を想定すると，実際に紙を重ねた厚さと異なって

きて不都合です．そこでこのような場合には，予定の枚数を重ねて束で厚さを確認することもあります．

この束という言葉は，紙の厚さあるいは密度の逆数［比容積（かさ）］の意味で使われることもあります．

紙の密度（g/cm^3）は，坪量（g/m^2）を厚さ（$1/1\,000$ mm＝μm）で割って（除して）算出します．物理的にいう密度とは若干異なっています．

巻取り製品の直径（m）は，紙の厚さ（m，実際より薄くなる見掛けの厚さ）に巻き長さ（m）を掛けて，さらに$4/\pi$を掛けた値に紙管（芯）の直径（m）の2乗を足して，全体の平方根で計算されます．

紙はいろいろな方法で抄造されますが，一般にフォードリニアマシン（長網抄紙機）では，その特性から，中間の坪量の紙を抄造します．坪量で$10〜12\,g/m^2$のコンデンサー用紙，カーボン紙原紙が最も薄い抄造紙でしょう．また，類似の抄紙機として，一般にティッシュマシンといわれる抄紙機があります．この場合には，ティッシュペーパーを坪量$8〜12\,g/m^2$で抄造しています．これはヘッドボックスを出た紙料（スラリー）が，進行するのに従い，下降して行くワイヤーパートになっており，ヤンキードライヤー出口のクレーピングドクター（しわつけを行いながら紙をドライヤーからはがすかきとり装置）まで，紙が単独で走る（オープンドローといいます）ことがなく，$1\,600$ m/min以上の高速で抄造しています．

・新聞用紙

毎日大勢の人が読む新聞は，日本では年間340万tくらい生産されており，紙全体の約10％を占めています．この新聞用紙の坪量は厚いもので$52\,g/m^2$，薄いもので$40\,g/m^2$で，$43\,g/m^2$が93％

を占めます.

新聞用紙の最大のポイントは印刷適性です.これだけ多くの紙が消費されるのですから,朝夕に印刷されるときのスピード(1時間当たり14.5万部,1分間に660 mの印刷スピード)と効率(断紙率0.05%以下)を高く維持する必要があります.このため,断紙,しわの発生がないこと,印刷がきれいに上がることが要求されます.現在の新聞印刷機は凸版からオフ輪[オフセット輪転印刷(機)]へと移行しており,その比率は90%以上になっています.その中で坪量を下げかつ巻取1本の巻き長さが40連(10 920 m,新聞1ページの基本寸法は406×546 mmで,この2枚分にあたる813×546 mmが1枚になります)にもなっており,高い技術が付随しています.

このため,すべての新聞用紙マシンはツインワイヤーとなり,幅8 m以上,抄速1 200 m/min以上という広幅,高速で抄造しています.

$43 g/m^2$の新聞用紙の紙質の一例を示すと,厚さ70 μm,密度(緊度ともいいます)$0.61 g/cm^3$,不透明度87%,引張強さ(MD)1.8 kN/m,引裂強さ(CD)392 mN,こわさ(MD)38 ($cm^3/100$),平滑度(F面)55 sです.身近な新聞を見ながら数値をイメージしておくと,今後の紙のイメージングに助かります.新聞用紙の場合,填料の量は1.5%程度です.

・**上質紙**

PPCの用紙(上質紙)などの薄い方の坪量$53 g/m^2$の紙を見ると厚さ68 μm,密度$0.78 g/cm^3$,不透明度71%,引張強さ4.0 kN/m,こわさ(MD)41 $cm^3/100$,填料量4.9%という紙質になります.

紙の中に填料をたくさん入れると，紙は柔らかく不透明になる一方，紙が弱くなったり，抄造も難しくなります．その中で代表的なものとして，タバコの巻紙（タバコの葉を巻いてある白い紙）と辞書の紙があります．タバコの巻紙（ライスペーパー，シガレットペーパーともいわれます）は，填料の量が27～31％で，坪量 21 g/m^2，厚さ 34 μm，密度 0.62 g/m^3，不透明度79％，引張強さ 1.1 kN/m です．一度身近にあるタバコを1本バラバラにしてその紙に触って見て下さい．また辞書の薄い紙（インディア紙といいます）は，坪量 28 g/m^2，厚さ 35 μm，密度 0.80 g/m^3，不透明度79％，引張強さ 1.5 kN/m です．

さて，機械抄き和紙あるいは円網抄紙機で抄造される用紙には，どのようなものがあるのでしょうか．円網抄紙機は，長網抄紙機より薄い紙を抄造できる一方，多層抄きといって何層も抄きあわせることもできるため，板紙のような厚い紙を抄造することもできます．

手漉き和紙では，土佐典具貼紙という薄い紙が最も薄い手漉き和紙の一つでしょう．あかそという楮を使って漉きあげられます．坪量は 11 g/m^2 で，厚さ 58 μm，密度 0.20 g/cm^3，引張強さ 0.31 kN/m，引裂強さ 235 mN です．かつて，カゲロウの羽（坪量 6.1 g/m^2 以下，厚さ 13 μm 以下，引張強さ 0.006 kN/m 程度です）と称されたそうです．これは，ステンシルペーパー（孔版印刷の原紙）に使用され，タイプライターの字の再現性が良かったといわれます．あかその繊維は繊維長 4～20 mm，繊維幅 8～20 μm です．

また，この紙を厚さから計算すると3～4層ということになります．一般に繊維（パルプ）を用いたときの一層の坪量は，3 g/m^2 が限界といわれます．これは，3 g/m^2 以下の坪量になると繊維が交差して紙層形成できなくなるからです．

現在，（円網）抄紙機で抄造されている最も薄い紙の坪量は 8 g/

m²です.この紙は0.5デニール(繊維長5 mm,繊維幅7.1 μm)のポリエステル繊維100％を使用して,フォーマー型円網抄紙機で抄造します.このフォーマーは手漉きの流し漉きで捨て水をするのと同様に捨て水ができるのが特徴です.結晶化度の低いポリエステル繊維を配合して,脱水,乾燥過程での熱軟化と結晶化をうまく利用して紙にしています[70].

8 g/m²の紙は計算上2 880万本の繊維で構成されます.針葉樹パルプから作った坪量60 g/m²の紙の$12\,000\times10^4$本(1億2 000万本)と比べるとその量の違いがわかります.

6.2 別れのテープはなぜ切れない

・フィブリル

パルプを叩解していくと,繊維は柔軟さが増し,隣どうし,あるいは重なり合うものどうしがよくなじむようにくっつきやすくなります(接着面積が増える).また繊維内結合と呼ばれる結合も増加して強さが増します.

このときの様子から,どうして紙が強いのかを考えてみます.

叩解によって繊維は壁の内部で結合が切れ,フィブリルが緩くなり,同心円状の何層かに分割します(デラミネーションといいます).さらに放射方向にも分裂して小さく割れたようになります.これが内部フィブリル化と呼ばれるものです.この内部フィブリル化が進行すると繊維の柔軟性が増すとともに膨潤性も増大し,スポンジのようになって水をたっぷりと含み,くにゃくにゃと曲がります(図6.1).

内部フィブリル化と同時に外部フィブリル化も生じます.繊維の表面において,一次壁(一番外側にある薄い,樽のたがのような役

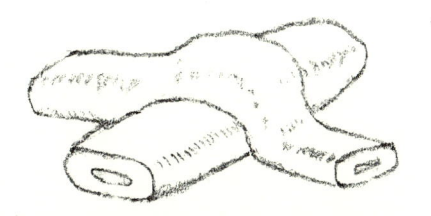

図 6.1　繊維の結合状態の模式図

目をしている膜）が取り除かれた後，フィブリルが緩くなり，繊維表面の微細なフィブリルが分かれて，ヒゲのように出てきて（さらに叩解が進むと，ほうき状にまでなることがあります），繊維の表面積が大幅に増大します．

　これで紙の強度が出る準備が出そろいました．この状態のパルプを集めて水に分散して，紙にすれば強い紙ができます．

　繊維から枝分かれして長いヒゲのように出たフィブリルは水の中で海草のようにゆらゆらと漂っています．隣どうしのフィブリルや近くの繊維から出たフィブリルと少しからまったりもしています．ワイヤーパートに飛び出したこの状態の繊維は，進んでいくに従ってどんどん水が引かれて，ますます繊維どうし，繊維とフィブリル，フィブリルとフィブリルは近づいたり，からんだりしてきます．

　プレスされるとさらに密になり，お互いの距離は短くなり，表面張力による接着力が働いて，湿紙強度をつくります．直径 $0.2\,\mu m$ のフィブリル間の接着力は $1\,cm^2$ 当たり $1.70\,kN$ になります．これで紙が完全に乾いていなくても，よくフィブリル化していれば，ある程度強い紙（湿紙）になり，プレスパートの間を通過していけるのです．

• 強さの発現

乾燥工程で，さらに水が蒸発していくと（このとき，フィブリルとフィブリルを引き寄せながら水が飛んでいきます），この距離は縮まります．繊維どうし，フィブリルと繊維，フィブリルどうしが3.5Åまで近づくと，ファンデルワールス力が働き，2.7Åまで近づくと水素結合が有効に働き，3〜6倍の結合力でくっつきます．これが紙の強さのもとになります．

ただ，紙の場合には，水素結合を源とする繊維間結合と単繊維強度が合わさった形で強さを作っていますし，パルプ繊維だけでなく填料やサイズ剤，紙力増強剤などが添加されるのでもう少し複雑になります．

別の見方をすると，繊維間結合の数，面積，繊維長，単繊維強さがパラメーターとなっているということもできます．

坪量が $67\,g/m^2$ の上質紙の場合，引張強さは $3.8\,kN/m$ 程度あります．この引張強さは $15\,mm$ 幅の紙に張力をかけて破断するときの最高荷重を表します．

仮にこの紙でテープを作って，2人の間に張り，10本のテープをお互いに持って引っ張ったとすると，自分の体が浮くくらいの力で引っ張っても切れません．

• 強度の低下

ところが，このテープの耳（端）にちょっとした傷があると，そこに力が集中することと，引き裂きに近い形で力が加わるので，数グラム以下の力で破れて（切れる）しまいます．

印刷や加工の工程で巻取紙（ロール）を使用していて断紙するというトラブルには，このように耳に欠陥があって破断するということが多くあります．

・湿度と強さ

湿度が変化したとき,あるいは紙の水分が湿度に伴って変化したときには紙の強度はどうなるのでしょうか.

相対湿度65%のときを基準にすると,湿度が高くなると引張強さ,破裂強さは低下しますが,伸び,引裂強さ,耐折強さは増加します(図6.2).これは引張強さが水素結合で結ばれた繊維間結合に関係しているためで,水分が増加することにより,この水素結合が緩くなり,繊維間結合強度が弱まるからです.一方,引裂強さは繊維間結合が強固であると破断点が連続して,裂けやすくなるので,各結合が緩くなれば引裂強さは向上します.

また,特別に湿潤紙力増強処理をしていない紙の場合,水に浸透してから引張強さを測定すると,その強度は1/10以下になります.

先ほどの15 mm幅の紙テープですが,テープの上に涙がこぼれると引張強さは1/10から1/5に低下し,ましてテープの耳に涙が

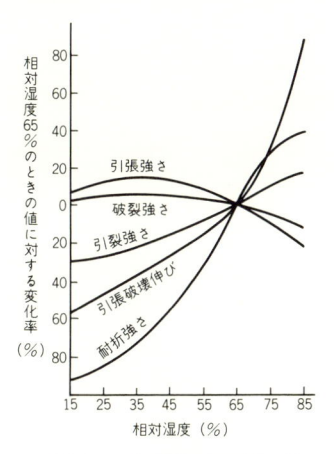

図6.2 相対湿度と紙の強度的性質の関係[14]

落ちれば，さらに弱くなり，テープ自体の重さでも耐えられず，破断することになります．

6.3　お札は折りたたまれる

・折り曲げ

　紙は何回も繰り返して折ったり伸ばしたりすると，いずれはその折り線の部分から切れて，破れてしまいます．しかし，紙幣や地図に代表されるような紙は，何回折ってもなかなか破れません．逆に破れてしまっては困ります．レジでお金を払ったら実はお札が半分しかなかったりとか，山登りでさあ帰ろうと思ったら地図が半分なくて肝心の部分がなかったりしたら大変です．

　一方，包装紙のような場合には，しっかり折れないと困る場合があります．フィルムは何回折っても破れにくいのですが，紙のようにしっかり折ったままにしておくことができず，元の状態に戻ろうとします．

　紙を折ると，紙の構造はどのようになるのでしょうか．

　紙を 15×110 mm の大きさに切り，両端をチャックでしっかり挟み，$4.9 \sim 14.7$ N の張力をかけて，三角形をした片方のチャックの先端（紙を挟んでいる端）を中心にして左右に $135°$ ずつ半回転運動をさせます．こうすると，紙は繰り返し折り曲げられることになります．断紙の限界がくるまでの回数をカウントして耐折強さとします．

　このようにして破断するとき，紙の内部では，繊維間結合の破壊，結合のズレ，単繊維の切断が起こっています．そこで，単繊維の強さが強く，繊維長さが長く，チャックに挟んでいるときの繊維の本数が多いほど，また結合が強いほど，耐折強さは強くなります．伸

6.3 お札は折りたたまれる

びに表されるような繊維や紙の物性が増すほど耐折り曲げ性が出るので、湿度が増すと耐折強さは高くなります。

また、紙の劣化の指標となるように、繊維が劣化して、もろくなると（角質化ともいいます）、耐折強さは弱くなります。

フィルムの場合には折っても紙のようにはしっかりと折れないのですが、紙の場合には折ることができますし、一度折るといくら伸ばしてもその跡が残ってしまいます。また、この状態で紙を引っ張ると、この部分から破断することが観察されます。

紙は製造工程で、繊維が積層してできるため、紙の断面を観察してもわかるように層状構造となります。また、紙を構成している繊維も、叩解によって、細胞壁の中にいくつかの層（ラメラ）ができて一度層状構造になった後、乾燥により再び緻密な構造となります。

・縮める

紙を曲げていくと、紙の層間にズレが生じるような力が加わります。曲がるときの外側は伸ばされますし、内側は圧縮されます。このズレにより、紙層間にある結合が破壊されて、曲げることができるわけです。伸びの方はミクロ的に見れば引張強さと同じ挙動を示しますし、圧縮は、エッジワイズ圧縮特性といわれる紙の引っ張りと逆の方向に縮める（圧縮）ときの挙動を示します。エッジワイズ圧縮特性を断面の観察から見ると、シート中に座屈帯が見られます（つっぱって立っているとき、ひざを後ろからコンとたたかれるとガクッとひざが折れ曲がるのと同じことです）。これは、繊維構造内での局部破壊とともに起こり、最終的に破壊に至ります。また圧縮強さは引張強さよりもかなり低いということもわかっているので、まず、このような圧縮破壊が折り曲げの内側で起こり、ここをポイントとして繰り返しの折り曲げ（部分的にみると伸び、圧縮の繰り

返しになります）で順次，層間のズレ，結合破壊，繊維内での結合の破壊が生じ，最終的に破断するのでしょう．このため，このような層構造，繊維構造及び水素結合で結合している紙の場合には，一度の折り曲げでピシッと折ることができるのです．しかし，既にこのとき，内側を中心に一部分層間の割れやズレ，繊維壁も含めた破断が始まっているのです．

6.4 障子に写る影

・障子とグラシン紙

最近は，障子のある家も少なくなり，次第に見る機会が減ってきました．

障子は，大変便利な機能をいくつか併せ持っています．まず向こう側が見えない（不透明），白く清潔で部屋が明るくなる（光が反射する），熱を遮断する，音も一部遮断する，軽いなどです．

障子の紙は，和紙ですので，もとの繊維はセルロースからなる木材パルプと同じものです．この木材パルプを何時間もかけて叩解すると，パルプはお粥というより重湯（おもゆ）になります．このように処理したパルプで同じように紙を抄くと半透明な紙ができあがります（トレーシングペーパーと呼ばれる紙と同じです．また抄紙後に加湿して高圧で紙中の空気を追い出して作った用紙をグラシン紙といいます）．

新しい本を買ったときに表紙を包んでいる薄い半透明の紙がグラシン紙ですが（ちなみに，最近は人手不足の理由からグラシン紙を使用している本が減ってきています），障子紙と比べるとかなり透明で，同じ原料から作ってもこのように違いが出ます．

障子紙は不透明ですが，襖の紙のように丸っきり向こうが見えな

6.4 障子に写る影

いというのではありません．障子越しに人が来たときには影が写って気配を感じることができます．

この白さや不透明性あるいは光沢は，光学特性というようにまとめて表現されます．

・白色度

氷河はどうして白いのでしょうか．氷を冷蔵庫から一つ持って来て見ると，透明ですし白くもありません．そこで，これをアイスクラッシャーで（アイスピックでも何でも構いません）細かく割ると，少しずつ白く，不透明になってきます．

このように，粒を細かくすると透明な物質でも白さや不透明性が出てきます．紙の場合には，グラシン紙の例で示したように，繊維は本来，透明物質（セルロース）でできていたのです．

そこで，紙の断面を考えてみます．ある程度叩解を進めたパルプから作った紙の場合，フィブリル化した繊維で構成されているので，断面はちょうど小さな粒子が少しずつ空間をあけて集まっているのと同じになっています．

自然の光あるいは電灯や蛍光灯の光が紙に当たると，光はその粒子（繊維やフィブリル）に当たり，一部は透明（まっすぐ突き抜けていく），一部は反射（光が物体の表面ではね返る），一部は吸収（吸い込まれてしまう）されます．粒子の表面は凸凹しているので，透過した光でもその粒子を出て次の粒子に当たるときには反射することが多くなり，入ってきた光はほとんど反射，反射の繰り返しで，やっと紙の反対側に出ますが，出る光はわずかです．残りは再び入ってきたのと同じ面に出ていくか，相変わらず紙の中であっちぶつかり，こっちぶつかりやっています．そのうち疲れてしまって吸い込まれてしまうものもあります．

このように反射の繰り返しや，一定方向ではなくて各方向へ反射することを散乱といいます．つまり，紙に光が当たると，光は散乱して，白く見えます．このとき入ってくる光の中から一定の波長の光だけが吸収されると白ではなくて，吸収されなかった色に見えます．黒はすべての波長の光を吸収してしまったときの色です．

紙の白色度は，標準白色光を積分球を用いて拡散照明で紙を無限大に重ねたときの比反射率をいいます（実際には測定値が変わらなくなるまで重ねればよい）．完全に散乱するものを100%，完全に吸収するものを0%にしたときに対する反射率になります．

・白さを増す

白い紙には白さが要求されますが，パルプはわずかに黄味をおびています．そこで紙を白くするために黄色の補色に当たる青，青系の染料，顔料で着色することも行われます．そうすることによって紙の白さが増します．

さらに白くしたい場合や白く見せたい場合には，Yシャツなどの衣類にも使われる蛍光増白剤という染料を添加します．この蛍光増白染料は，自然の光にある紫外部の光（400 nm より短い波長の光）を吸収して420 nmを中心とする青ないし紫の蛍光を発します．暗いレストランやディスコなどでときどき白いシャツ類が青紫色に光って見えるようなことがあると思います．これは紫外線で衣類に染められた蛍光染料が発光しているのです．

紙に添加されると青味成分（黄味の補色）が増えるので白く見えるわけです．青や青紫の染料を加えても同じようなことですが，さらに白さが欲しい場合に青や青紫の染料を増量すると紙が青や青紫になってしまいます．これに対して蛍光染料は，染料自体は無色ですので，青や青紫の染料より増量できることになります．しかしこ

6.4 障子に写る影

れにも限界はあります．

・不透明度

紙の裏に黒い板を当てて測定した反射率を反射率89%の白い裏当て板を当てて測定した反射率で割って（除して）百分率で表した数値を不透明度といいます．

透明性が高いと，光は紙の中を透過して，黒い板まで届きます．黒い板に当たった光は，黒に吸収されてしまい，紙の方に再び戻ることはありません．このため透明性が高い（不透明性が低い）紙の場合には数値が低くなります．分母の方は，完全に透明でも反射率89%となるのであまり変わりません．

不透明度の測定法とイメージは以上のようですが，実際に不透明度が高くなるということはどういうことなのでしょうか．

光の反射，透過，吸収を考えた場合，反射，吸収いずれも高い方が不透明性は上がります．吸収係数という光の吸収の度合いを示す係数は，着色して黒い方が高い値になります．反射係数は，粒子が細かいほど［正確には光の波長（$1\mu m$）よりやや小さいときに最大で，それ以下では反射係数が下がりますが］，また物質への屈折率が高いほど，さらに繊維の結合面積が少ないほど高くなります．

繊維細胞の壁を作っているセルロースの屈折率は1.53，水の屈折率は1.33，空気の屈折率は1.00です．填料として紙に添加される鉱物のうち，カオリンの屈折率は1.55，炭酸カルシウムが1.49〜1.66，二酸化チタンが2.55〜2.70と最も高い値を示します．

これらの填料は白色度が90〜99%あり，パルプより白いため，紙に白色度，不透明度が要求される場合に内添あるいは塗工されます．さらに高い隠ぺい性（下の物を隠して何があるか分からなくする特性）が要求されるときには，屈折率の高いルチル型（結晶構造

の一つ）二酸化チタンを添加配合します．

不透明度の測定式からも，白色度がある値以上になると，白くなるほど不透明性の増加は低くなることがわかります．白い洋服がときとして下に着たシャツの色を透過して写すのと同じです．

・吸収係数，散乱係数

機械パルプ（GP など）は吸収係数及び散乱係数とも高いので，薄くて不透明な紙を作ることができます．これは木が機械的にすりつぶされて，細かい粒子状のファインや複雑な形状のかたまりになってよく散乱すること，屈折率の高いリグニンを含むこと，白さが少し低いためです．

未晒パルプ（漂白していないパルプ）を使えば，吸収係数が高くなって不透明性は増しますが，紙は白くなくなってしまいます（図6.3）．

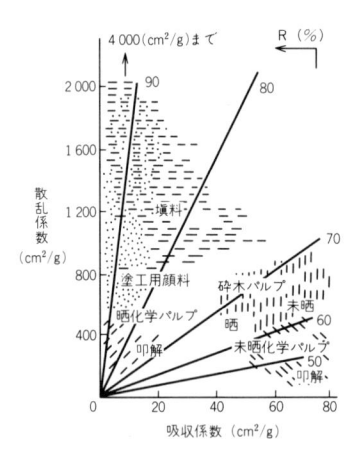

図 6.3 製紙用原料の散乱係数と吸収係数[14]

そこで白くて不透明な紙が要求されると、白いパルプに填料や顔料を添加したり、青い染料や蛍光染料を加えて行きます．

ただこの場合、填料によって繊維間結合が疎外されることと、比重が大きく同じ坪量になると繊維の占める割合が減るので、バランスを考えて抄紙されます．

紙の不透明性については、Kubelka-Munk の理論、Scallan-Borch の理論などで説明がなされています．

・光沢度

紙の光学的性質の一つに光沢度があります．紙の表面に平行光を当てると、反射成分は正反射成分（鏡に写る成分）と拡散反射成分に分けられます．正反射成分が大きいものほど、光沢度が高いということになります．光沢度は入射角を $75°$ としたときの正反射成分の光の量を屈折率 1.567 のガラス鏡面反射率に対する百分率（％）で表されます．

光沢度は印刷品質と関係があり、特に高い印刷品質が要求される場合に高められ、このため塗工を行ったり、スーパーカレンダー加工を行ったりします．塗工量が多くなるほど、基紙（被塗工紙）の表面の凹凸の影響がなくなることと、塗工層が緻密で平滑な面となるため、光沢度は高くなります．

さらに高い光沢度、印刷品質が要求される場合には、鏡面を紙の表面に写し取るキャストコート紙が使用されます．

コート紙の光沢度は 40〜45％、キャストコート紙の光沢度は 75〜90％くらいです．

6.5 色——色の道

・色 差

色も光学特性の一つですが，紙の場合には紙の性質と直接関係することはあまりありません．もちろん，色のついた紙は多数ありますし，内添，色の塗工，あるいは経時的着色，変色，脱色といろいろあります．

紙の場合には，この色と決めたら，その紙を数枚比べてもどこで比べても同じ色になることが要求されます．例えば本になったときや商品を包んだとき，あるところから色が変わっていたり，同じところで買物をしたのに色が違っていては商品の価値が下がるからです．当然，光などによる劣化がないこと，少ないことも必要です．

紙の色は，反射率を使って測定算出します．白色度のときに使った反射率計で紙の反射率を測定しますが，このときに，青色のフィルター（B），緑色のフィルター（G），こはく色のフィルター（A）を光学系の間に入れて測定します．そのときに得られた反射率から三刺激値の X（赤），Y（緑），Z（青）を算出することができます．

同様に $L^*a^*b^*$ 表色系（JIS Z 8729）での表示を行うための各値を算出することもできます．最近の試験機械（色差計）は紙をセットするだけで，フィルター交換などで人手をわずらわすことなく，計算結果も合わせて表示されるようになってきました．$L^*a^*b^*$ 表色系における L^* は明度（白→黒）を表し，a^* 座標は緑から赤，b^* 座標は青から黄を示します（図 6.4）．

また紙の黄変，光劣化による退色などを ΔYI（ハンター方式の $L^*a^*b^*$ 値から算出される黄色度），ΔE_{ab} などで表示して，基準の紙との差を数値で把握できるようになっています．

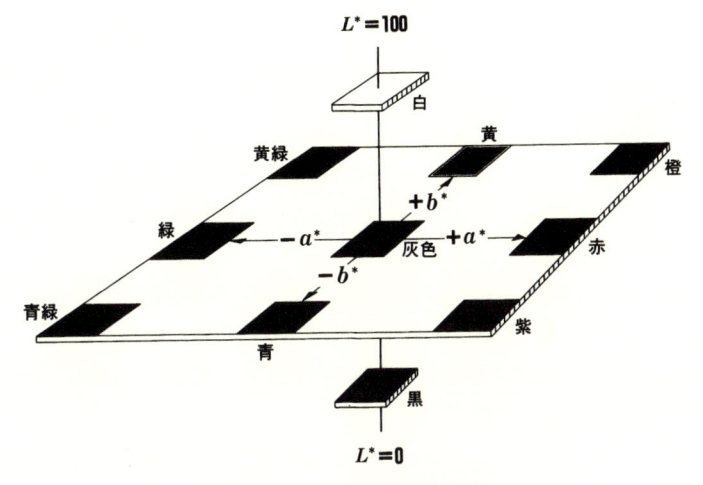

図 6.4　$L^*a^*b^*$ 系色度座標

6.6　気体の透過性──息が苦しいマスク

・透気度

　多孔性材料の空げきを通る気体の挙動は Darcy の法則で表されます.

　紙も多孔性材料の一つですから，Darcy の法則に従うとすれば，単位面積当たり，一定容量の空気（100 ml）が流れるときの透過時間で透気性の指標を得ることができます．これを透気度といいます．透気性の指標はほかにも表し方がありますし，紙によっては，透気性も異なるので，測定器も数種類あります．通気性が高く，孔の大きさをホコリの粒子より少し小さくした紙でマスクが作られます．これを誤まるとホコリもこない代わりに酸素も少なくなります．

この空気を水蒸気あるいはガスに置き換えると紙の場合どのような挙動を示すのでしょうか．

・湿度の透過

紙あるいはパルプ繊維は水と親しい関係にあり，水蒸気は空気に比べて大きい水分子でできているので，空気の場合とは異なった透過挙動を示します．

紙の置かれている環境（相対湿度）によって透過率は変わります．相対湿度が高くなると，水蒸気の透過率（透湿性）は指数関数的に増大します．これは繊維表面と繊維細胞壁中の拡散及び繊維の膨潤及び膨潤による紙層構造の変化があるためで，相対湿度が高くて，紙の水分が高くなると水蒸気は紙を透過しやすくなることを意味します．

梅雨どき，紙袋に入れておいたお菓子が湿気やすくなるわけです．

・ガスの透過

湿度だけでなく，窒素，酸素，炭酸ガス，硫化水素といったガスについても，透過率をみるとかなり大きく，グラシン紙のように叩解によって空げきをつぶしても高分子フィルムには及びません．ただ例えば炭酸ガスの透過率をポリエチレンフィルムと比較した場合などのように，部分的には紙の方が透過しにくい場合もあります．そこで紙を基材として使用した包装材料などでは，各種の高分子フィルムと貼り合わせてガス透過性をコントロールするとともに，紙のもつ加工適性，こわさを利用することが行われます．

6.7 吸い取り紙

・吸脱湿

　紙は水や水蒸気と仲良しですので，吸湿をします（吸湿性を持っています）．

　そして吸湿量は，環境（温度と相対湿度）で決まります．おもしろいことに，紙をいったん乾燥させてから一定相対湿度（例えば65%）にしたときの吸湿率（そのときの吸着した水の量を乾燥重量で割って百分率にしたもの．水分はそのときの重量で割って百分率にしたもの）は，いったん湿らせてから同じ一定相対湿度にした場合と吸湿率が異なります．乾かしてから一定相対湿度に移っていった方が吸湿率は低くなります（図6.5）．

　絶乾（相対湿度0%）と繊維飽和点（繊維がこれ以上吸湿できないというところ，相対湿度100%）の間を繰り返して吸，脱湿を行うと，2回目以降は，吸湿状態あるいは脱湿状態での相対湿度における吸湿率はそれぞれ一定になります．吸湿曲線と脱湿曲線が合わ

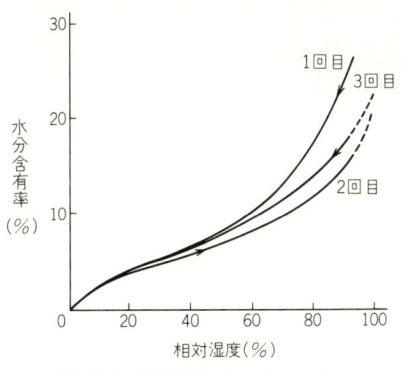

図6.5　亜硫酸パルプシートの水分収着等温線[14]

ないことをヒステリシス（履歴現象）といいます．紙の場合はヒステリシスを描きます．

したがって，紙を試験するときには，試験しようとする条件の平衡含水率の1/2以下になるまで乾燥してから，試験条件まで吸湿させるという方法で，常に一定の吸湿率，水分になるようにする必要があります．

この吸湿性をパルプの違いでみると，化学パルプより機械パルプの方が，同一条件下での相対湿度での吸湿率は大きいといえます．これは，機械パルプ中に含まれるヘミセルロースが化学パルプより多いためで，セルロース以外の成分をほとんど含まずセルロースの結晶性も高いクラフトパルプの方が吸湿率は低くなります．また，吸湿速度の方が脱湿速度より速くなります．

水は各湿度でどのようにして吸着しているかをみると，相対湿度0〜20%では単分子吸着，65〜70%までは多分子吸着，それ以上では毛細管収着となります．それ以上の吸着水は遊離水となります．

・寸法安定性

吸湿と紙の寸法安定性は密接に関係しています．

繊維は，細胞壁の構造（フィブリルの配向している状態）から，吸湿したときの寸法変化における径の増大と長さの増大には大きな開きがあります．

絶乾状態での繊維の径，長さをおのおの0として，相対湿度を80%にすると，吸湿率は10%くらいで，径は約17%増大するのに対して，長さは0.5%の増大にとどまります．

この繊維の吸湿率による寸法変化が紙の寸法変化あるいは寸法安定性につながってくるのです．抄紙した紙はMD方向に繊維が配向する傾向にあること，また乾燥するときのドロー（テンション，

引っ張ること）がMDにかかることのため，紙のCD方向の伸縮が大きくなります．

一方，抄紙して脱水，乾燥する過程では，繊維は収縮しながら水を脱着していきます．このとき，繊維間結合を伴いながら収縮するので，繊維と繊維の結合部における繊維の軸方向には，ミクロコンプレッションと呼ばれる収縮がみられます．また繊維は長いほど，ほかの繊維と交差することも多くなり，乾燥収縮率は小さくなります．

乾燥時の収縮を抑制する（緊張乾燥といいます）と寸法安定性が向上します．

このため各種の方法で乾燥時に収縮を抑えて紙にすることが行われています．その一番ポピュラーな例がヤンキードライヤーの使用です．ヤンキードライヤーの場合，プレス脱水された紙がまだ繊維飽和点以上の水を保持している状態でヤンキードライヤー面に張りつけ，収縮を抑える形で乾燥します．これに対して多筒ドライヤーでは，次々とドライヤーを渡り歩くときに，フリーランと呼ぶドライヤー面を離れて自由な収縮状態を経て次のドライヤーへと順次行って，乾燥を終了するので寸法安定性は悪くなります．

ところが，緊張乾燥紙について吸脱湿を繰り返すと，寸法変化率は小さいものの，いつまでも落ち着かず，少しずつ寸法変化率のマイナス側にシフトしてきます（縮んで行く．繊維のもとの寸法に近づいて行く）．これに対して自由乾燥（無緊張乾燥）紙は，寸法変化率は大きいものの，同じ寸法変化を繰り返します．

これらの寸法変化は，カールやシワ，波打ちなどの原因となるほか，用紙寸法の変化による印刷見当のズレなどさまざまな問題と関係しています．

・水の浸透

　水の吸液性は吸湿性の延長線上にあります．ブリストウ（Bristow）試験器という装置を使って，紙に水が接触している時間と液体の転移，吸収量の関係を調べると，接触時間が短いところ，100ミリ秒（ms）以下のときは，紙の表面にある凹凸に物理的に水がただ転移するだけで，吸収が起こりません．この時間では紙の表面での水の収着は生じていないことになります．次いで時間が長くなるにつれて，水は紙の内部に浸透吸収されていきます．

　この吸収の度合いは，パルプの種類，サイズ度の違い，塗工剤の種類など紙の違いによって変わってきます．表面及び内部に毛細管が少ないほど，また径が小さいほど吸収速度は遅くなります．また，サイズ剤が添加してあると，吸収速度が遅くなるだけでなく，濡れ時間も長くなりますが，最終的には，一定値まで吸液されます．これはサイズ剤がリターダー［液体の遅延効果（retarder）］として働いていると考えられます．

　繊維は飽和点以上になると形状変化を起こし，毛細管径や長さが変わります．このため，吸液挙動が変化するばかりか，表面の凹凸，繊維交差状態なども変化します．

　水に代わって油を用いると，吸収が直ちに始まり，濡れ時間を持ちません．これは，油の収着が水に比べてはるかに速く行われるからでしょう．また，吸収速度も速く，これらの特性は繊維との親和性，表面張力に起因しています．

7. 紙の持つ意外な性質

7.1 音を吸い取る

・**ヤング率**（伸び弾性率）**とでんでん太鼓**

　音の伝わる速度は，紙の密度，繊維間結合状態，坪量，繊維配向性などで決まります．

　均質な物質の中を音が伝わるとき，その伝播速度の2乗は，紙のヤング率を密度で割った値と等しくなります．鋼の伝播速度は約5 km/sであるのに対して，木材は1.4〜4.0 km/sと少し遅くなります．紙の場合にはもっと遅くて，幅が広く約4 km/sです．これは，紙のヤング率が，$2 \sim 10 \times 10^9 N/m^2$ と低いからです．

　温度や相対湿度が増加すると音の伝わる速度は減少します．これは相対湿度が上がると紙中の水分が増加し，繊維間結合にわずかな緩みが発生してヤング率が小さくなるためです．

　紙の楽器や紙の音響材料というのは少ないのですが，紙の鳴る音から，紙の質をみることができます．

　紙の端の角の部分を人差し指，中指を下に親指を上にして，えくぼを作るようにして親指で押すと，紙がパチンと鳴ります．この音の高低で，紙の坪量，厚さ，こわさ，叩解度，引張強さ，水分などを感覚的につかむことができます．これらはいずれも紙のヤング率と関係しています．

　逆に音波の伝播する速度を測定してヤング率を算出したり，繊維

の配向性を測定したりすることが行われます．紙を構成している繊維が紙の x-y 平面においてどちらを向いているか，また全体としてはどの方向にどのくらい向いているかは，紙の寸法安定性，カール，強度などの面で特に重要で，この情報をもとに抄紙の仕方や乾燥の仕方を変えることも行います．これを繊維配向性といい，いくつかある配向性の測定方法のうち，簡便にできることとデータ処理が容易であるため多用されています．

　紙は，緊張乾燥すると繊維間結合が強くなり，ヤング率が上がります．そこで，円筒に和紙を張り，湿らせて再度乾かすと，紙をピンと張ることができます．いったん湿らせてから乾かすと収縮率が大きいので（ヒステリシス性を持っています）ピンと張れるわけですが，これは，障子張り，襖張り，表装などにも応用される一つのテクニックです．これで小さな太鼓のおもちゃを作ります．糸の先に豆をつけて，くるくる回すと豆が太鼓の皮（紙）をデンデンとたたきます．でんでん太鼓といわれる玩具です．また，同じくピンと張った紙の真ん中に糸を通して，二つを結ぶと，話をすることができます（糸電話です）．

　紙もピンと張ってヤング率を高くすれば，楽器になるということでしょう．ただ，梅雨どきの音楽会では音が沈んでうまく響きません．

・音波と襖

　一方，音が紙の面に直角に当たると，一部は反射，一部は紙の中で吸収，一部は紙を抜けて透過します．吸収される機構は，粘性抵抗や摩擦抵抗で熱エネルギーに変えられるからです．

　吸音とは吸収された音エネルギーと透過した音エネルギーをたしたもので，遮音は透過する音エネルギーの大小で決めます．一般に，

単一層材料では質量が大きいほど、遮音効果が高い傾向にあります。これは、音波により材料を振動し、その振動により後ろの空気が振動し、これが音波になるためといわれます。そこで、この音の入射、空気の振動、音の透過を紙中での熱エネルギーに変換すれば、音を遮断できることになります。

襖の構造は大変複雑です。まず骨格を杉の木で作り、その上に骨格紙貼り（厚手の楮の反古紙）、その上に骨格紙べた張り（遮光、防虫の良い間似合紙）、その上に裏張り（薄美濃紙）、その上に蓑押さえ [厚手の楮の反古紙（全面糊付け）]、その上に袋張り3枚（下、中、上張り、石州半紙、生漉き）、その上に清張り（薄美濃）、その上にやっと上貼り（襖紙）となります[8]。実に10枚の紙の層でできています。襖で考えると20枚の紙と木枠、そして19層の空気層がありますし、使用される紙の坪量とたて、よこの交差を併せて様々に工夫されています。

このような襖ですから、その遮音効果は高く吸音も良くします。層構造をしているためのエネルギーの減衰があることと、紙の坪量、目取りが様々なため、各波長の音が吸音されます。

合板の場合、低い音が吸音されにくいのですが、襖も同じセルロース系材料ですので、その傾向はあるものの、合板よりはるかに良い吸音、遮音をします。

このため、和室での会話は隣の部屋には漏れにくく、部屋の中は残響効果がある快適な音響ルームとなります。

7.2 熱を取る

・伝 熱

紙きれ1枚で、やけどしない例があります。新茶の季節になると

手もみの茶の実演がお茶処ではよく行われます．熱した鉄板の上でお茶をもんでゆくのですが，このときよく見ると，鉄板の上に1枚，和紙が貼ってあります．和紙がなかったらベテランといえども手にやけどすることもあるでしょう．また，この和紙がお茶に対してほどよい温度を提供しているのでしょう．

また，焼きいもを初めとして，電子レンジ食品など熱いものを直接持てない場合でも，紙が1枚あれば持てるようになります．

これは紙の熱伝導率と関係があります．熱伝導率は空気が最も小さく，プラスチック，木材，紙（0.01～0.16 w/m·K），水（0.59 w/m·K），コンクリート，ガラス，ステンレス（24.5 w/m·K），銅（403 w/m·K）の順です．紙は金属やガラスに比べて熱が伝わりにくいのです．また，空気と水の熱伝導率に差があることから，紙の中の空気の量（空げき量）と水分によって紙の熱伝導率は変わります．

単位質量の物質の温度を単位温度だけ上昇させるのに必要な熱量（比熱容量）は，温めやすさ，熱しやすさを表し，紙は1.2～1.3 kJ/kg·Kで，水（4.2 kJ/kg·K）の1/3です．木材は1.2 kJ/kg·K，鉄は0.4 kJ/kg·Kです．鉄よりは熱くなりにくいのですが，水よりは熱くなりやすいといえます．紙の比熱容量も含水率によって変化します．

・**熱膨張**

紙の線熱膨張率は10^{-5}～10^{-6}で，水分による寸法変化の10^{-1}～10^{-2}に比べると小さくあまり問題になりません．昔は粉薬を飲むとき，飲みやすいようにオブラートという薄い半透明のシートで包みました．これはセルロースの仲間のでんぷんでできています．これを手のひらに乗せるとするめのようにクルクルと反対，また反

対にカールしました．これは熱膨張率の影響です．

・熱分解

　紙の温まりやすさ，熱の伝わり方の程度は以上のようですが，これ以上の温度が加わってきた場合にはどうなるのでしょう．紙に火をつけると確かに燃えますがその関係はどうなるのでしょうか．

　紙を少しずつ熱していくと，水が蒸発して絶乾となり，さらに続けると300〜370℃で紙の成分（セルロース）の熱分解が始まります．ここでのセルロースの熱分解反応では，レボグルコ酸の生成が確認されています．同時にセルロースの無定形化も起こり，さらに進めると450〜500℃で炭になり始めます．

　これらの熱分解反応は水の蒸発［脱水反応（100〜150℃）］の後から少しずつ始まっています．つまり，300℃以下の温度でも，長時間かければ熱分解は進行します．

　セルロースについて熱分解を調べて，活性化エネルギーを算出すると88 kJ/molになり，これは25℃でセルロース1g当たり1分間に7.8×10^9個の切断が生じるといわれます[14]．

　同様に引火点を測定すると330〜340℃であり，紙に火を近づけると，この温度で火がつくことになります．これが日本の多くの家屋を火事で消失した原因の一つです．

7.3 光を取る

・耐候性

　陽の当たるところに置いておいた新聞が，黄色く変色していて驚いた経験があると思います．

　紙は環境下でどのように変化するのでしょうか．環境下での変化

を抑えるにはどうしたらよいのでしょうか．どういう紙が環境に対して強いのでしょうか．

このように日光，風雨，温度などの環境条件に対する抵抗性を耐候性といいます．

耐候性は，実際にその環境下（例えば屋外での暴露）で必要期間放置すればよいのですが，結果が出るまでに期間がかかり過ぎるので強制劣化試験で予測を行います．

温度については，105℃・72時間，80℃・72時間といった試験を行います．これは主として，耐折強さに代表されるような紙力の低下，変質を調べることを目的としています．一説によると105℃・72時間は25年に相当します．

これに対して光による変化，褪色はフェードテスター，ウェザーメーターといった試験器で調べます．耐光性という言葉を使う場合もあります．

光，降雨，温湿度を組み合わせた試験器はウェザーメーター，光，結露，温湿度を組み合わせた試験器はデューサイクルウェザーメーター，光と温湿度を組み合わせた試験器はフェードメーターと呼ばれ，それぞれ目的に応じた環境試験に用いられます．

光源の種類は，280～400 nm の紫外領域に強いエネルギーを持ち，可視光（目で見える 360～400 nm から 760～830 nm），赤外領域ともに太陽光に近似したサンシャインカーボンアーク灯，約 380 nm にピークをもつ紫外線カーボンアーク灯，紫外，可視領域で太陽光に近似したエネルギーをもつキセノンアーク灯などがあります．

促進度合いと自然乾燥の関係の一例として，屋外での3か月の暴露がサンシャインカーボンの40時間照射，紫外線カーボン式の75時間に相当するともいわれています[71]．

7.3 光を取る

・耐光性

JIS L 0841（日光に対する染色堅ろう度試験方法）ではブルースケールという標準褪色布を用いた級分けが規格化されており，3級で，露光日数5日，5級で15日間くらいに相当します．

リグニンを含むパルプを使って抄造した紙は，熱に対しては反応が悪く，光に対しては敏感であることが知られています．光で着色する（色戻り）原因は，パルプ中に含まれているリグニンに起因し，リグニンが低分子化して，キノン構造（芳香族炭化水素中のベンゼン核の水素原子2個が酸素原子2個に置換すること）を持つようになるためと考えられます．

亜ニチオン酸塩，ポリハイドライドなどを使用して還元漂白を行うことで，色戻りの防止は多少できますが，いろいろな問題を含んでいます．

晒GP（さらし）の例ではカーボンアーク4時間照射で（日光暴露の約5時間）白色度が24ポイント，105℃・4時間加熱で4.5ポイントの退色が見られています．リグニンがほとんどない漂白化学パルプの場合には，ヘミセルロースによる色戻りが考えられています．この場合，ヘミセルロース中のカルボニル基，カルボキシル基がヘミアセタール，エンジオールを形成し着色物質が生成すると考えられます．

LBKP（広葉樹晒クラフトパルプ）の例で，カーボンアーク4時間処理で白色度が7ポイント，105℃・4時間で8ポイント退色します．

これに対して，和紙の類は一般に日光暴露されると白色度が増すという現象が見られます．和紙原料の晒に雪中での晒，天日の晒（さらし）があることからも，日光による晒は知られていますが，これは紫外線による作用と考えられます．

和紙の一種の麻紙を手すきしてシートを作り，これをフェードメーターで照射耐候試験を行うと，24時間照射で，白色度が2～3ポ

イント上昇しました.このように靭皮繊維から作った紙は日光が当たることにより,ますます白くなっていきます.これは,和紙を使った障子紙で昔から経験されていることです.

8. 紙の適材適所

8.1 自然に帰って行く紙

・**水に溶ける，溶けない?!**

　紙を使った文化財の保存，図書館の蔵書の劣化防止がテーマとして大きく取り上げられていますが，一方では紙とゴミは早く自然に帰っていって欲しいと思われています．

　自然林の中では，老木や倒木は，風化にまかせて，土に帰って，また木として再生する輪廻が繰り返されています．

　木，そして木を原料とする紙は基本的には自然に帰ります．

　紙の機能，特性の一つにこの生分解性をあげることができます．合成高分子（プラスチック）では盛んに生分解性プラスチックの研究がなされていますが，紙には既に備わっています．

　それは，紙を構成する繊維がセルロースという天然高分子であるためです．このセルロースは，光に対しては抵抗性がありますが，熱，腐朽菌などの菌類や酵素にはあまり抵抗性がありません．

　また，紙を形成し，あるいは紙力を生み出している元は，水素結合が主体ですので，水によって容易に結合が離れたり，弱くなります．

　これらの理由で，紙は分解します．特に水素結合については，水を介在して結合が成される一方，水につけると離れてしまいますし，繊維はこれらの水やちょっとした力では分解しないので，極めて再

生に都合良くできています．

しかし，紙も分解するといっても，そうすぐに，見る見る間に崩れて行く，溶けて行くということはありません．ある程度の時間と引きちぎるようなせん断力が必要です．まして，薬品を添加して繊維間結合を強化した紙，塗工した紙などは，意外と分解しませんし，破れません．またそうでなければ困る部分もあります．

汗をかいた手でノートを持ったら，ノートが崩れてしまったり，鼻をかんだら紙が破れてしまったり，雨が降ってきたら，本もポスターもすべて溶けて流れてしまっては大変です．

紙はちょうど良い分解性，水離解性(みずりかいせい)を有します．これが，希望するあるいは期待する月日より早く分解すると保存問題，劣化問題につながってきます．

金魚すくいも同じです．金魚すくいの紙がすぐ破れてしまったら，子供はだれもこなくなるでしょうし，なかなか破れなければ，金魚屋さんは困ってしまいます．子供の家でも金魚だらけで困るでしょう．1匹か2匹とれたころにうまく破けるのです．針金の枠だけ借りてティッシュペーパーを張って金魚すくいをやると意外と破れません．

・溶ける紙

ほとんどの紙は，水につけたり，触れるとすぐ破れてしまいそうですが，そうでもないのです．トイレットペーパー以外のティッシュペーパーやその他の紙を誤って水洗トイレに流すと，配管が詰まるトラブルになります．トイレのふき掃除は何となくイヤですし，ぞうきんがけも，後の洗濯など大変です．トイレに流せる紙製のぞうきんが開発されていますが，この紙はどうなっているのでしょうか．

紙は繊維間結合で強度を出すので，水素結合をとってしまえば良いのですが，そうすると綿の固まりのようで，シートにもなりません．しかし，この綿の固まりを水溶性の糊に浸してから平らな所に平たく伸ばして乾かすと，シート状の強い紙ができます．このシートを再び水の中に入れると糊が水に溶け出し，最後に綿の状態にバラバラになってしまいます．このしくみを使ってできた紙が水に溶ける紙です．

紙の原料と同じパルプを使って，化学的な処理を行い，カルボキシメチルセルロース（CMC）という糊の一種を作ります．これはパルプと糊の合いの子ですので，紙にしやすいわけです．しかし，このまま紙を抄こうとすると，このCMCが水に溶けて紙にはなりません．そこでこのCMCをいったん水に溶けないように酸で処理しておいてから紙にします．紙にしてから，アルカリ処理を素早く行うと，CMCが溶けない状態で紙を維持します．

こうしてできた紙は，印刷も加工もできます．そこで水以外のアルコールなどの溶剤に洗剤などを溶かしてこの紙にしみ込ませると，トイレに流せる紙ぞうきんになります．

この水に溶ける紙の溶ける速度をコントロールすると盆の風物詩，とうろう流しになります．もともとは木の繊維ですから，川下で水に溶けて自然に帰ります．

8.2 燃える，燃えない

・難燃化

木と紙の文化とか，マッチ箱の住宅（木と紙でできているという意味ですが，今はマッチも少なくなりましたし，マッチ箱もほとんど紙だけでできています）といわれるように，紙とは関係が深い私

たちですが，かつては火事も多くありました．

　紙には，昔，ろうそくの芯に使われたことや線香花火に使われているようによく燃えるというイメージが強くあります．

　紙を少しずつ加熱して行くと200℃を超えたあたりから熱分解が始まり，火を近付けると，330℃くらいで燃え出します．そこで，紙を難燃化して用途を広げることも行われます．

　燃焼プロセスから，燃焼を抑制する要因をあげると，熱の伝達を抑制する，分解する速度を遅くする，分解生成物を出にくくする，燃焼性ガスの発生，拡がり，反応を抑えるとなります．

　りん化合物は，熱でガラスのようになり，皮膜を作って，燃焼に必要な酸素を遮断します．また，りん化合物は熱分解して不燃ガスを発生して可燃性ガスを希釈します．

　塩化物は分解して塩素を発生します．この塩素は不燃性で可燃性ガスを希釈するとともにセルロースの熱分解，燃焼の連鎖反応を停止させます．

　ほかにも，グアニジン化合物，三酸化アンチモンなどがありますが，これらの難燃化剤を塗布することによって紙の難燃化を行います．

　このような処理をした難燃紙は，障子紙や壁紙といった内装用紙を中心に使用されています．

　おもしろい例としては，奉書焼きと称して，楮の紙を1枚用意して，少し折り曲げて，皿状にし，中にスープと具を入れ，下から火であぶる料理があります．和紙なのですが燃えることなく，料理が楽しめます．金属製鍋を用いたときの金属の味がしないばかりか，天然の材料から作っているため味にとって好ましく，料亭などで使用されます．中国料理，フランス料理にも，直接火にかけないものの，紙でくるんで料理をする例が見られます．

・燃える紙

夏の夜に打ち上げられる花火，大きさによって尺玉とか呼ばれますが，ここにも紙が使われています．

赤はストロンチウム，青は酸化銅といったように火薬を使い分けて丸めて，和紙で火薬玉にして行きます．さらにいくつかを集めて紙を何重にも貼りつけて花火ができあがります[72]．

これも紙が重かったり，破裂した後に何か固まりにでもなったりして落ちてきたら，ゆっくり花火見物もできません．燃えるし，軽い小さな1枚の紙になるから，花火も楽しめるのです．

紙が燃えるというのは，燃焼抑制の反対であればよいわけで，うまい具合にセルロースは次々と熱分解生成物を発生して，燃焼によって発熱をして燃焼を促進させます．

・ライスペーパー

線香花火もそうですが，燃えるがゆえに機能する紙があります．

花火や弾薬を包む紙のほかに，タバコの巻紙があります．ピラミッドの戦い（1798年，フランス軍とトルコ側連合軍）のときに水パイプが破壊されて，タバコを吸うことができなくなった一人の兵士が，弾薬を包んでいる紙にタバコを巻き，火をつけて吸ったことがはじまりで，その後，糧食の米1食分を入れてあった袋の紙を使うようになり，これが巻紙の別名ライスペーパーの語源となりました．ライスペーパーの起源については，紙の仲間である蓪草紙に由来するなど，諸説あります．

燃えることを特性として要求される巻紙が，同じく燃えることが条件である弾薬を包む紙から始まったことは，当たり前といえば当たり前ですが，妙な因果関係です．

タバコの巻紙（ライスペーパー，シガレットペーパー）には，燃

焼することはもちろんですが，白くて不透明なこと，燃焼臭がしないこと，タバコを巻き上げるときの機械適性を有することが特性として要求されます．

燃焼速度は巻かれているタバコの葉の燃焼速度と同じでなければなりません．このために，燃焼コントロール剤も併用します．紙を製造するときの原料，調成は，タバコの味（喫味）に影響を及ぼさないことなど，その他の機能と併せて考えられます．

タバコの巻紙は和紙（麻紙）の原料の一つである亜麻や大麻を原料として，叩解をかなり進めて，フィブリル化を十分行った後，炭酸カルシウムを20％以上内添して抄造します．坪量 $21\,g/m^2$ のシガレットペーパー中には多くの機能と工夫が隠されています．

軽いタバコとするために，シガレットペーパーの通気性を高くするとともに，放電によって数十マイクロメートルというほとんど見えないほどの大きさの孔をあけることも行われます．

燃焼した後には灰が残りますが，シガレットペーパーの場合にはこの灰の色が白いばかりか，灰がタバコの内側に丸まるようにして固結する（収れん性といいます）性質も保持しています．

辞書に用いられる薄くてしなやかな紙，インディア紙は日本ではライスペーパーを厚く抄いて圧力をかけてつぶしたことから始まりました．1921年（大正10年）のことです．

このイギリスで生まれたインディア紙，バイブル用紙の見本となったのはアジアで売られていた蓪草紙（ライスペーパー）との見方もあります．どちらも起源を同じくしているようです．

8.3 アタチのおむつ

・**速くたくさん水を吸い取る紙おむつ**

紙の機能の一つにふく（wipe）機能を入れることもあります．

ふく機能からは，一般には紙タオル，紙ナプキン，ティッシュペーパー，トイレットペーパーを連想しますが，テーブルの上にこぼしたトマトケチャップなどをサッとぬぐい取るのに身近にある紙を使うからでしょう．

ふき取るためには，ある程度の吸液性（液体を吸い取る性質）が必要です．窓ガラスをふくとき，乾いたぞうきんより，水に濡らして固く絞ったぞうきんの方が良くふきとれます．これは固く絞ったぞうきんの方が水を吸いやすいからです．

1歳の乳児の腎臓二つの重さは65〜75g，ぼうこうの容量は150mlくらいで，1日に300mlくらいの尿を15回くらいに分けて排尿します．1回の排尿時間は4〜5秒です[73]．

統計によると，紙おむつは，生後1か月ごろから使用され始めます．ゆかたの古生地をリサイクル，再利用して作る布おむつは，もうほとんど見られません．

モデル的な紙おむつの構成は，肌に接する方から，ポリプロピレンやポリエステルの繊維から作った多孔質のシート（不織布といいます），薄葉紙があり，その下にフワフワした綿状のパルプ（フラッフパルプ）の層があります．さらにその下にフラッフパルプと自重の400倍以上もの液体を吸う高吸水性ポリマーの粒を混ぜた層があり，次いで薄葉紙，外側のポリエチレンシートとなっています．

液体は，不織布から浸み込み，フラッフパルプ層，フラッフパルプと高吸水性ポリマーからなる層で吸収保持されます．念のため外へ漏れ出さないようにポリエチレンシートでがっちりガードします．

おむつですから，かさばらないこと，柔らかいこと，薄いことが要求され，このため，間に使われる紙は薄く，フラッフパルプも高い吸液性と早い吸収性が必要です．

フラッフパルプの吸液量は，15～20 g/g で拡散速度（拡がって行く速さ）は 0.5～0.7 cm/s です．これに対して高吸水性ポリマーは生理食塩水でも 80～40 g/g という高い吸液性と（水の場合の 1/10 程度になります），7～5 g/0.3 g・10 min という吸液速度を有します[73]．サイズも施さない紙の場合，100 ml/m²・s という吸水速度を有します．単位が違うので，これから算出し直すと，0.5 g/0.3 g・s となり，10 分間では，30 g/0.3 g・10 min となります．このように紙は，高吸水性ポリマー（Super Absorbent Polymer）に比べて吸収速度が速いので，速く吸収したい表面に近い層に使用して，排尿の始めのスピードに追いつく吸液速度で，濡れを防いでいます．

また高吸水性ポリマーの量を増やすと早く吸液した高吸水性ポリマーが膨潤してしまい，その下にある高吸水性ポリマーへの液の浸透を防ぐブロッキングを起こすので，これを防止するためにもフラッフパルプを混ぜます．

肌に当たる最外層には吸液された液体を逆戻りさせないために入口の孔径 1 000 μm，出口の孔径 300 μm の漏斗型の孔を多数持つ疎水性シートを使用した上に，表面処理を行って吸液特性を良くすることも女性用品では行われます[74]．

最近，ゴミ問題の中で，おむつのボリュームと合わせて，高吸水性ポリマーの難分解性がクローズアップされています．平均的な紙おむつの重さは 1 ピース当たり約 40 g で大人用と合わせて，年間 13 万 t 以上が生産され可燃ゴミとして廃棄されています．このため布おむつの見直し，紙などのセルロース系だけで作る動きもあり

・印刷と吸液

　目立たないところでも，紙の吸液性はあちこちで働いています．

　印刷をするときのインキ，オフセット印刷のときの湿し水，加工時の塗工液，含浸液，接着時の糊など，紙の吸液性が重要な役割を演じています．

　これらの用紙に要求される吸液性は，紙おむつの場合のように，速く，多くということではなく，目的の速さで，目的の量をというコントロールが必要で，さらにはある時間過ぎてから（delay）素早く吸液するという特性まで付与させます．そうでない場合，例えば成分中の溶媒あるいは溶媒とそれに溶けている一部の成分のみが紙中に浸透してしまい，特性が損なわれたり，乾燥ができないといったトラブルを生じます．

　塗工液，糊剤のバインダー，溶媒のマイグレーション，印刷時のチョーキングなどがその一例です．

9. 紙の機能を生かす

9.1 写真をとる

　フィルムと一体型になった使い捨てカメラが手軽に買えるようになり，どこへ行くにも，わざわざ重いカメラをもって行くこともなければ，フィルムの装塡ミスにより写らなかったりというトラブルもなくなりました．

　写したネガフィルムを現像，印画紙に焼き付けてアルバムに貼って楽しむ写真は，"紙"に焼き付けられます．こんなところにも紙が使われています．

　この印画紙は，精選された木材パルプを使用して抄紙されます．バライタ (barytes) という硫酸バリウムを主成分とする鉱物の粉（微結晶）をゼラチンに分散させて 10～30 μm の厚さで紙の上に塗工します．

　印画紙の表面には，モノクローム，カラー写真いずれの場合も銀塩系の感光剤が塗布されます．

　この感光剤は，ゼラチンにハロゲン銀微粒子（0.5～2 μm）と感光色素を分散し，混ぜ合わせた（写真）乳剤です．ハロゲン銀に光が当たるとハロゲンが光エネルギーを吸収して，マイナスの電子を発生，この電子とイオン化している銀が反応して，現像核となる銀粒子の集まりができます．これを現像すると黒化します（カラー写真の場合には，その色になります）．

カラー写真の場合には，赤に感じる乳剤層，緑に感じる乳剤層，青に感じる乳剤層の3層があります．色の3分解，3原色でカラー写真を作ります．

いま，赤いばらの花を撮影したネガフィルムを使って印画紙に露光すると（印画紙の上にネガフィルムを置いて上から白色光を当てる），ネガフィルムを通ってくる光は，赤はネガフィルムのシアン（cyan，青緑）色素で吸収されるので，緑と青の光が印画紙に当たり，それぞれ緑に感ずる乳剤層ではマゼンタ（mazenta，赤紫），青に感ずる乳剤層ではイエロー（yellow，黄）の色素像を形成します．これでできあがりです．見るときには各層でマゼンタとイエローの光が吸収されるので，赤だけが反射して赤いバラになります．

カラー印画紙は各乳剤層が4μm，乳剤と乳剤の間に1μmの中間層（赤，UVフィルター，緑，中間，青という順）があり，上下には2μmの保護層，40μmの下塗り層，さらにこの下塗りを含めたベースとなる紙の上下に疎水性のポリエチレンラミネート層が0.3〜30μmあります．乳剤側だけでも56μmの厚さがあります．これらの層には100種類にも及ぶ薬品が使われています[75]．

感光剤を支えるベース紙（基紙）は，このような複雑で鋭敏な乳剤に化学的な影響を与えないこと，紙の反射率を高くして（白くする），写真のさえをよくすること，乳剤の塗工適性を高めることが必要で，バライタの塗工などでこれらの適性を付与しています．写真の光沢，仕上げなどに応じてベース紙の仕上げ方法も各種あり，厚さも数種あります．一般的には，坪量で190〜210 g/m²，厚さ200〜300μmの用紙を用いて，その上に多層コートが一度に行えるスライドタイプホッパーなどのコーターヘッドから乳剤，中間層を同時塗工して印画紙とします．

ベース紙は，水洗時の乾燥速度向上などのために，二酸化チタン

（白色顔料）を添加したポリエチレンフィルムでオーバーコートすることも行われています．

また，印画紙は，写真用黒色紙と呼ばれるピンホールのない黒い紙で包装（合紙など）されます．

9.2 カードに記録する

NTT（当時，日本電信電話公社）のテレフォンカードが1982年に発売されて以来，プリペイド（料金先払い）カードは急成長しています．

鉄道，バス，有料道路，ゲームセンター，ゴルフ練習場，コンビニエンスストアなどに拡がり，年間4億枚以上のプリペイドカードが発売されています．

プリペイドカードは，基材，磁性層，隠ぺい層，印刷，保護層を基本として構成されています．この磁性層に磁気情報が記録されます．139 kA/m あるいは 219 kA/m といった高保磁力のバリウムフェライト系磁性材料を使用して，外部磁界（ハンドバッグのクリップなど各種磁石，磁界）の影響を受けにくいようにしています．

この磁性層を保持するための基材には，PET（ポリエステル）というプラスチックや紙が用いられます．強度，剛性，耐水性，耐湿性，耐熱性，寸法安定性が必要で，情報の読み書き時（金額情報など）のカード詰まり，磁気情報の破壊のないことが必要です．紙の場合には，耐湿性，寸法安定性（カール）がやや落ちますが，短期間用，使い捨てタイプに用いられます．

厚さは 188 μm と 250 μm があり，30 μm の磁性層などを加えて，210〜280 μm になります．

基材の上に、バリウムフェライトとバインダーからなる磁性層を塗工して、磁場配向処理をしてからドライヤーで乾燥し、カレンダー加工で平滑化します。次に残額表示方式に従って、感熱層やアルミニウム熱破壊層を作り、表面印刷をし、保護層を塗工して、54×86 mm（JISサイズ）などの所定の寸法にカットされます[76]。

当然、データ改ざん防止のセキュリティ対策も施されます。

9.3 図面を描く

情報を記録する、あるいはハードコピーを取るといった場合、ワープロ、パソコンでは、主としてプリンターが使われます。それ以外にも写真をそのまま使ったり、写真の原理を応用した記録方式が使われることもありますが、記録する面積が大きいとき、1 mm 当たりに 16 本以上の線を引くといった高精細さを要求される場合、例えば CAD（Computer Aided Design）では、プロッターというロボットが描く製図、図描機を使います。プロッターの機械的な方式、仕組みも多種あり、情報の記録方式もペンやシャープペンシルの芯を使うものから、感熱方式など多数あります。

その中で、よく用いられているものに静電プロッター、静電記録方式があります。

紙の上に設けた誘電体記録層に、画像、図面に対応した $-500 \sim -800$ V のパルス電圧をピン電極を介して与えて、誘電体層を荷電して、静電潜像を形成させて、続いて PPC と同じ原理でトナーを定着させます。

記録電極と誘電層の距離は $5 \sim 10$ μm がドットの抜けがなく、鮮明な記録、描画を行うのに適しています。このため、アクリル酸エステルなどの絶縁抵抗の高いプラスチック樹脂に、スペーサーとし

て無機顔料などを混合して 3〜10 μm の厚さで塗工されます.

静電プロッター用紙は、ジアゾコピーの原図として使用することが多く、このためトレーシングペーパー、樹脂含浸半透明紙、合成紙、PET フィルムなどが用いられますが、用紙サイズが 600 mm 以上と大きいため、紙の寸法安定性が要求されます。また、方式により異なりますが、表面電気抵抗を 105〜109 Ω にするため、カチオン性高分子電解質などを使用して導電性を付与、安定化しています。

導電性が良すぎると記録する図線の濃度が低下したり、ゴーストと呼ばれる不明な情報が記録されます。また導電性が高すぎても記録濃度の低下が発生します。

中間調を表記したり、カラー化することも行われており、この分野での技術進歩は著しいものがあります。

情報記録については、プリンター、プロッター、あるいは銀塩写真ばかりでなく、ハード、ソフト、そして使用する記録用紙とも、多岐に渡っています。またおのおのの分野での技術革新が日々行われています。

9.4 電波をシャットアウト

遮断、シールドしたい目に見えない波には、ピアノの音に始まって放射線、電波、磁波、熱、光、色などあります。

電磁波の周波数は、1 Hz の電力伝送、10^2 Hz からの放送からレーダーの 10^{13} Hz、赤外線から紫外線の 10^{15} Hz、放射線、宇宙線の 10^{24} Hz までに渡ります.

このうち電波障害といわれるものには、2種類あり、通信、TV などで受信しようとする電波が高層ビルなどで反射して位相差(二

重にズレてしまうこと)を生じる障害と,コンピューターなどのデジタル機器を用いた電子機器からの放射電磁波がほかの機器に与える障害があります.

特に,最近の電子機器の発達で,高周波の不要放射電磁波の放射の防止と外部からのノイズ電磁波をシールドすることが要求されています.

電磁波のシールドについては,周波数特性を無視すると,体積抵抗値が小さければシールド効果は大きくなるので,筐体[容れ物,機器(回路など)を入れる物]を導電性にすることでシールド効果が期待できます.

パソコンの本体や,TV(CRT)のケースを見てもわかるように,ほとんどプラスチック製(絶縁体,非導電性)であるので,これを導電化することが行われます.

このため,導電塗料の塗布,導電膜の貼り付け,導電性充塡剤(金属,カーボン)の練り込みなどが行われます.放射電磁波が導体上で渦電流を作ります.この電流をアースして逃がすことが効果的で,このためには充塡剤には,粉,粒体よりアスペクト比(長さと幅の比)の大きい繊維状の導電剤を混入させると良いのですが,射出成形中に,繊維が折れたり,曲がったり,あるいは均一分散せず,シールド効果が低下するなどの問題もあります.

電磁波シールド紙は,同じ考えで導電性繊維を使ってシート状にしたもので,ランダムに繊維が分散,配向しています.金属化合物を紙の表面に密着させたものもありますが,導電性繊維を使用する場合,ステンレス繊維,ニッケルめっきカーボンファイバー,銅とニッケルを二層コーティングした導電繊維を使用します.

繊維の太さは,5~20 μm,長さ2~10 mmです.この繊維をパルプあるいは合成繊維と混ぜて抄紙,加工します.

これらの紙の場合には、厚さが 50～150 μm と薄いシート状であること、軽いこと、折り曲げに強いこと、打ち抜き、成型、複合化などの加工適性に優れること、透明性を付与できるなどの特徴を有しています.

体積抵抗率は、10^0～10^{-3} Ω/cm と低く、広い周波数領域 (100～500 MHz) で、高いシールド効果 (70～40 dB) を有します. また表面抵抗率を 10^3～10^5 Ω/cm² にして静電気シールド効果を持たせ、静電気による放電から IC を守る静電気シールド紙も開発されています. この場合、こすっても帯電しないことなどの特性が要求されます.

9.5 粘着テープ

宅配便の宛先伝票、カセットテープのラベル、贈り物の包装紙に貼るシール、救急絆創膏など、粘着剤というベタベタする糊を使ったラベルは各分野のすみずみまで入りこんでいます.

これらは紙の裏面に粘着剤を塗り、剝離紙と呼ばれる紙を貼って一体化してあります. ラベルやシールとして使用するときに、剝離紙をはがして粘着剤をむき出しにして相手の表面にペタンと貼りつけます.

1934 年、アメリカの S. エイヴリ氏が発明しましたが、剝離紙の機能が重要な役割を占めています. 剝離紙は、紙に目止め加工をした上に、シリコンをコーターで塗工したもので、こうしてできあがったシリコン塗工面は、液体との接触角が大きく、この表面の表面張力が小さいので、粘着剤がはがれるという特性を持っています. ラベルやシールが使用されるとき、この剝離紙は、粘着糊からはがされて、捨てられます.

そんな中で，最近剥離紙を使わないラベルも開発され，ゴミ問題の解決に少しでも役立つような機運が高まっています．これは，粘着剤と剥離剤を片面の中で交互に塗工したもので，半分ずらしてお互いに貼り合わせることにより，剥離紙を使わない（ラベルが同時に2枚できる）ようにしたものです．

ほかに，剥離紙を使わない粘着紙としては粘着テープ（ガムテープ）類があります．荷造りなどに使うクラフト粘着，オフィスで使うセロハン粘着テープ，マスキングテープなどです．テープの場合，巻き取られた（ロール）状態になっているので，自分の上（表面）に剥離性を持たせることにより，粘着ラベルと剥離紙の一体化が行えます．

粘着剤はゴム，アクリルなどの弾性体に粘着付与剤などを混ぜ合わせたものです．貼ってはがせるメモ（Post-it™など）は粘着剤を球状にしてメモ用紙の裏側の一片に塗ってあります．

こうすることによって，簡単にどこにでもくっつけることができ，はがすときに，紙が破れるとか，相手に糊が残るということなしに粘着ができます．粘着力のコントロールを糊の性質だけでなく，面積でも行っているのです[77]．

両面テープという粘着剤も良く使われています．これは，剥離紙を両面に貼りつけた粘着テープといったようなもので，一度目的の表面に粘着テープを貼り，さらに表面の紙をはがすとそこには粘着剤だけがむき出しで残っているために，次に別の紙や布，金属などを貼ることができる便利なテープです．糊をつけにくい場所や正確な位置と大きさで糊をつけたいとき，糊の乾燥時間がないときなど，種々の用途で使われます．このテープの場合には，粘着層にある程度の形状保持性，加工適性を持たせるために，薄い紙が基材として使用されます．この基材をとり囲むように粘着剤が存在してテープ

の粘着層を形成します.

　この両面テープの中には,粘着層の表と裏で粘着強度と表面状態を変えたテープや,親展葉書や,二重ラベル(クジ付きラベル)などもあります.

　粘着剤の粘着強度と剥離剤の剥離強度を上手に組み合わせてさらに高機能化したテープやラベルがたくさん開発されています.いずれも一度はがして,さらにもう一枚はがすなど,微妙な剥離の違いを使い分けています.

10. 紙の種類と寸法

10.1 紙 の 種 類

　紙・板紙の種類は，大きく分けても50種類以上になり，細かく分けると数千種類以上になります．通産省調査統計部の分類方式に従った品種分類と品名例示表を章末の表10.1と表10.2に示します．
　これらの紙は，さらに坪量，寸法で細かく分けられます．

10.2 紙 の 寸 法

　紙の寸法は，数種類を基準にして，おのおの半分，半分として行きます（半裁といいます）．
　手漉き和紙の場合，昔は，1尺1寸（33.3 cm）×8寸（24.2 cm）や美濃判の1尺3寸（39.4 cm）×9寸（27.3 cm）でしたが，現在は，障子紙（63.9×93.9 cm），画仙紙（72.7×136.4 cm），奉書紙（39.4×53.0 cm），宇陀紙（31.8×45.5 cm）の寸法があります．最大で3×6判（97.0×188 cm）のものがあります．
　半紙というのは，もとは小型の杉原紙を半裁したため，こう呼ばれましたが，その後1尺1寸×8寸の寸法の紙をいうようになりました．ちなみに紙の寸法は，始めの数字で幅寸法，後の数字で長さ寸法を表します．
　また，一帖という場合，美濃紙は48枚，半紙は20枚をいいます．

食卓にのぼる海苔(のり)は10枚で一帖です.

洋紙の場合,オフィスや文房具で使われるA判,B判,四六判,菊判などがあります.

紙は半分,1/4とカットされることが多いので,半分にしてもその大きさ(縦横の比)が相似形となる$1:\sqrt{2}$(1.414)の比率にするのが望ましいのですが,昔は,そのようになっていませんでした.

四六判は,4寸×6寸[正確には4.2寸(127 mm)×6.2寸(188 mm)]の書籍用紙に由来します.

イギリスから輸入されたクラウン判が美濃判の8倍(788×1 091 mm)に近かったため,この大きさで外国に紙の注文をしました.これは大八ッ判と呼ばれましたが,これを4×8裁にすると,化粧裁ちして(9 mmと9.4 mmを落とします)四六判になったことから,大八ッ判(788×1 091 mm)も四六判というようになりました.

菊判は,クラウン判と同じく輸入紙に2.3×3.3尺の三三判がありましたが,この後24×36 in(610×914 mm)の紙が入ってきました.これを25×37 in(636×939 mm)にすると,泉貨紙(せんか)の4倍になることから,この紙を使用するようになり,菊の花に似たダリヤの商標がついていたことから,この判を菊判というようになりました.書籍でいう菊判は152×221 mmですが,これらは菊判の紙から化粧裁ちして16枚取った寸法です.

A判については,ドイツで制定された寸法で,面積を$1\,\text{m}^2$とし,幅と長さの比を$1:\sqrt{2}$とした用紙をA0(ゼロ)判とし,以下長辺を半分にするように切る(半裁)ごとにA列1番から10番まで定められています.

B列0(ゼロ)番の面積は,A列0番の面積の1.5倍となっています.

A列0番は841×1 189 mm,B列0番は1 030×1 456 mmです[78].

書籍などでは，四六判，菊判と同様に，A列本判（625×880 mm），B列本判（765×1 085 mm）があります．これは，四六判に近いB6判を32枚取れる寸法，菊判に近いA5判を16枚取れる寸法の全紙をいいます（化粧裁ちの分を加えます）．

当然，紙の原紙寸法のA列本判，B列本判と，紙加工仕上げ寸法（ノートや書籍図面の仕上がり寸法）のA列0番とB列0番とは寸法が全く異なります．

10.3 製　　本

紙は印刷された後，折りたたまれて製本されます（図10.1）．

印刷された紙は，通常16ページ（八つ折り）に折られます．製本所では，これを1台と呼びます．A5判の本の場合には，A全（0）判は二つに（半裁），B6判の本の場合にはB全（0）判を四つに（4裁）に切ります．

次に，左下に一番若いページ（折ったときにちょうど順序よくページが並ぶように面付けされています）がくるようにして，開いた新聞を折るように1回折ります．続いて上からみて時計回りに紙を半回転させてからまた折り，同様にしてもう一度折ります．これで16ページ折り（8つ折り）となります．これを1折といいます．

これを必要な数集めると1冊の本になります（図10.2）．

第1折には扇，口絵，見返しなどを貼り，最終ページには後ろの見返しを貼ります．このようにしてからページ順に集めて（丁合いといいます），背の3，4か所を糸でとじます．この背の糸の高さが折りの厚さとちょうど合うようにするため，厚い紙は8ページ折り，薄い紙は32ページ折りにします．

次に背を仮に糊で固めた後（仮固めといいます），三方を三方切

10. 紙の種類と寸法

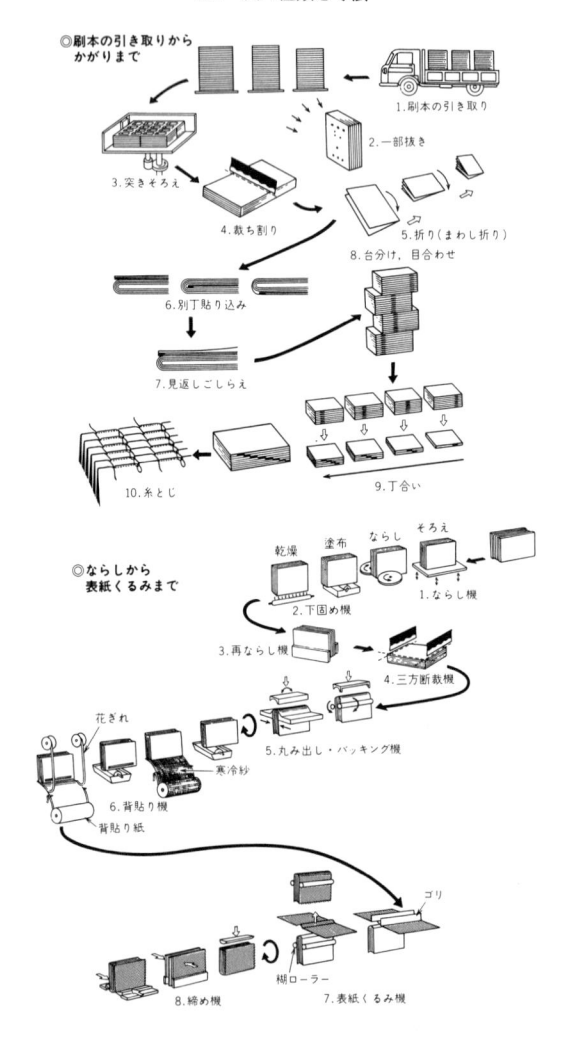

◎刷本の引き取りから
かがりまで

1. 刷本の引き取り
2. 一部抜き
3. 突きそろえ
4. 裁ち割り
5. 折り（まわし折り）
6. 別丁貼り込み
7. 見返しこしらえ
8. 台分け，目合わせ
9. 丁合い
10. 糸とじ

◎ならしから
表紙くるみまで

乾燥　塗布　ならし　そろえ
1. ならし機
2. 下固め機
3. 再ならし機
4. 三方断裁機
5. 丸み出し・バッキング機
花ぎれ
寒冷紗
6. 背貼り機
背貼り紙
7. 表紙くるみ機
糊ローラー
ゴリ
8. 締め機

図 10.1　本製本の工程[79]

10.3 製　本

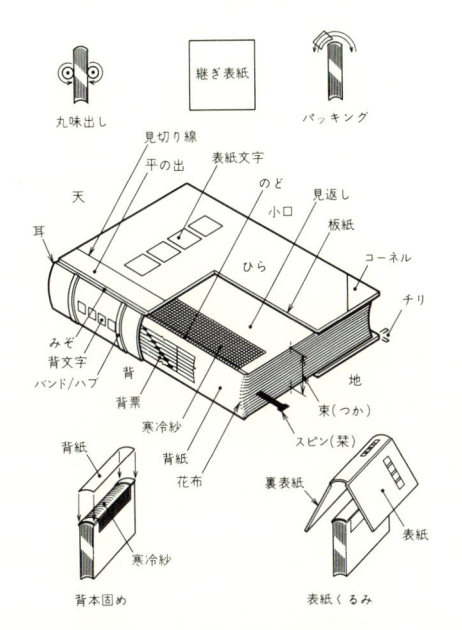

図 10.2　本の各部分の名称[80]

りという機械で切ります．続いて，背を丸くする丸み出し，背たたき，寒冷紗貼り，花ぎれづけを行い，背固めをします．これを表紙でくるんだ後，カバーや腰帯，グラシン紙をかけて箱に入れます．

　本には本文用紙だけでなく，多種類の紙が使われます．

表 10.1　紙の品種分類表

品　　　種				該　当　品　種　の　説　明
新　聞　巻　取　紙*				機械パルプ，古紙パルプを含有する巻取紙で新聞印刷に使用されるもの．
印刷・情報用紙	非塗工印刷用紙*	上級印刷紙*	印　刷　用　紙　A	晒化学パルプ100％使用，印刷用紙の代表品種で汎用性に富み，書籍，教科書，ポスター，商業印刷，一般印刷などに使用されるもの．
			その他印刷用紙	晒化学パルプ100％使用，書籍用紙，辞典用紙，地図用紙，クリーム書籍用紙などいづれもその目的に応じて抄かれた印刷用紙．
			筆記・図画用紙	概ね晒化学パルプ100％使用，筆記に適するように抄かれノート，便箋，帳簿などに使用される筆記用紙及び製図，スケッチブックなどの使用に適するように抄かれた図画用紙．
		中級印刷紙*	印刷用紙B　セミ上質紙	晒化学パルプ90％以上使用，白色度75％前後，書籍，商業印刷，一般印刷などに使用されるもの．
			印刷用紙B（除くセミ上質紙）	晒化学パルプ70％以上使用，白色度70％前後，教科書，書籍，雑誌の本文などに使用されるもの．
			印　刷　用　紙　C	晒化学パルプ40％以上70％未満使用，白色度65％前後，雑誌の本文用紙，電話番号簿本文などに使用されるもの．
			グラビア用紙	機械パルプを含有し，スーパーカレンダー仕上げした印刷用紙で，雑誌などのグラビア印刷に使用されるもの．
		下級印刷紙*	印　刷　用　紙　D	晒化学パルプ40％未満使用，白色度55％前後，雑誌の本文用紙，謄写版印刷などに使用されるもの．
			印刷せんか紙	古紙パルプ100％使用の特殊更紙，主として漫画誌の本文などに使用されるもの．
	薄葉印刷紙*		インディアペーパー	麻パルプ，木綿パルプ，化学パルプを原料とする極く薄く（厚さ0.04～0.05mm），不透明度の高い紙で，辞典，六法全書，バイブルなどに使用されるもの．
			タイプ・コピー用紙	晒化学パルプを使用，印刷適性と筆記性にすぐれた，1m²当たり40g以下の良く締まった紙で，タイプライター用およびコピー用などに使われるもの．
			その他薄葉印刷紙	カーボン紙原紙，エアメールペーパー，転写用紙，謄写版原紙など上記品目に該当しない1m²当たり40g以下の紙で印刷用のもの．

表 10.1 （続き）

品　　　種			該　当　品　種　の　説　明
印刷・情報用紙	微塗工印刷用紙*	微塗工紙 1	$1m^2$当り両面で12g以下の塗料を塗布．白色度74〜79%．雑誌本文及びチラシ，カタログなどの商業印刷に使用されるもの．
		微塗工紙 2	$1m^2$当り両面で12g以下の塗料を塗布．白色度73%以下．雑誌本文及びチラシ，カタログなどの商業印刷に使用されるもの．
	塗工印刷用紙	アート紙*	$1m^2$当り両面で40g前後（片面20g前後）の塗料を塗布，使用原紙は上質紙・中質紙，高級美術書，雑誌の表紙，口絵，ポスター，カタログ，カレンダー，パンフレット，ラベル，煙草包か用などに使用されるもの．
		コート紙* 上質コート紙	$1m^2$当り両面で20g前後の塗料を塗布，使用原紙は上質紙，高級美術書，雑誌の表紙，口絵，ポスター，カタログ，カレンダー，パンフレット，ラベルなどに使用されるもの．
		コート紙* 中質コート紙	$1m^2$当り両面で20g前後の塗料を塗布，使用原紙は中質紙，雑誌本文，カラー頁，チラシなどに使用されるもの．
		軽量コート紙*（上質ベース）	$1m^2$当り両面で15g前後の塗料を塗布，使用原紙は上質紙，カタログ，雑誌本文，カラー頁，チラシなどに使用されるもの．
		その他塗工印刷紙* キャストコート紙	アート紙よりも強光沢の表面を持ち，平滑性のすぐれた高級印刷用紙，高級美術書，雑誌の表紙などに使用されるもの．
		その他塗工印刷紙* エンボス紙	アート紙，コート紙などに梨地，布目，絹目などのエンボス仕上げした高級印刷紙，カタログ，パンフレットなどに使用されるもの．
		その他塗工印刷紙* その他塗工紙	アートポスト，ファンシーコーテッドペーパー，純白ロールコートなど，絵葉書，商品下げ札，雑誌の表紙，口絵，グリーティングカード，商業印刷，高級包装などに使用されるもの．
	特殊印刷用紙	色上質紙*	晒化学パルプ100%使用の抄き色紙で，表紙，目次，見返し，プログラム，カタログ，健康保険証などに使用されるもの．
		その他特殊印刷用紙* 官製はがき用紙	郵政省で発行する通常はがき，年賀はがき，往復はがきなどに使用されるもの．
		その他特殊印刷用紙* その他特殊印刷用紙	小切手，手形，証券，グリーティングカード，地図，製図用紙，ファンシーペーパーなどの特殊な用途に使われるもの．

表 10.1 （続き）

品　　　　種			該　当　品　種　の　説　明
印刷・情報用紙	情報用紙	複写原紙* ノーカーボン原紙	ノーカーボンペーパーの原紙.
^	^	裏カーボン原紙	裏カーボンペーパーの原紙.
^	^	その他複写原紙	クリーンカーボンペーパーなどの複写用原紙.
^	^	感　光　紙　用　紙*	ジアゾ感光紙（青写真）の原紙.
^	^	フ　ォ　ー　ム　用　紙	コンピュータのアウトプットに使用されるもの．NIPを含む.
^	^	Ｐ　Ｐ　Ｃ　用　紙*	普通紙複写機（PPC）に使用されるもの.
^	^	情報記録紙* 感熱紙原紙	ファクシミリやプリンターなどのアウトプットに使用される．熱によって文字，像などを発色する感熱紙の原紙.
^	^	^ その他記録紙	感熱紙以外の静電気記録紙原紙，熱転写紙，インクジェット紙，放電記録紙原紙，計測記録用紙などアウトプットに使用されるもの.
^	^	そ　の　他　情　報　用　紙*	統計機カード用紙，さん孔テープ用紙，OCR用紙，OMR用紙，MICR用紙，磁気記録紙原紙など主としてコンピュータのインプットに使用されるもの.
包装用紙	未晒包装紙	重袋用両更クラフト紙	セメント，飼料，米麦，農産物などを入れる大型袋に使用されるもの.
^	^	その他クラフト紙* 更クラフト紙 一般両更クラフト紙	角底袋，小袋，一般包装および加工用などに使用されるもの.
^	^	^ 特殊両更クラフト紙	半晒で手堤袋，一般事務用封筒などに使用されるもの.
^	^	その他未晒包装紙* 筋入クラフト紙	筋入模様のある片艶の薄いクラフト紙で，ターポリン紙，果実袋，封筒などに使用されるもの.
^	^	^ 片艶クラフト紙	片艶のクラフト紙で，タイル用の原紙，果物袋，合紙および雑包装などに使用されるもの.
^	^	^ その他未晒包装紙	上記以外の未晒もので，一般包装および加工用ワンプなどに使用されるもの.
^	晒包装紙	純　白　ロ　ー　ル　紙*	ヤンキーマシンで抄造された，片面光沢の紙で，包装紙，小袋，アルミ箔貼合などの加工原紙として使用されるもの.
^	^	晒クラフト紙* 両更晒クラフト紙	長網抄紙機で抄造され，手堤袋，封筒，産業資材の加工用などに使用されるもの.
^	^	^ 片艶晒クラフト紙	ヤンキーマシンで抄造され，手堤袋，薬品，菓子，化粧品などの小袋，加工用などに使用されるもの.

表 10.1 (続き)

品　　　　種				該　当　品　種　の　説　明
包装用紙	晒包装紙	その他晒包装紙*	薄口模造紙	ヤンキーマシンで抄造したものをさらにスーパーカレンダー仕上げした両面光沢の薄い紙で、一般包装および伝票などの事務用紙などに使用されるもの.
			その他晒包装紙	上記以外の, 一般包装および加工用などに使用されるもの. 純白包装紙, 色クラフト紙など.
衛生用紙	ティシュペーパー*			ドライクレープがかかった吸水性のある衛生紙(標準坪量13g/m²)で、2プライで連続取出しされるようになっている.
	ち　　り　　紙*			上級古紙を原料として抄かれ(標準坪量23〜24g/m²), 平判で主としてトイレ用に使われる.
	トイレットペーパー*			晒パルプあるいは上級古紙を原料として抄かれ, ロール状にしたもの(標準坪量20g/m²).
	タ オ ル 用 紙*			トイレや台所で使用され, 平判, ロール状のものがある.
	そ の 他 衛 生 用 紙*			上記以外の衛生用紙. 京花紙, テーブルナプキン, 生理用紙, おむつなど.
雑種紙	工業用雑種紙	加工原紙*	建材用原紙 化粧板原紙	家具, 壁材用のプリント合板用原紙.
			建材用原紙 壁紙原紙	壁紙用原紙, 裏打ち用を含む.
			積 層 板 原 紙	フェノール樹脂を含浸処理し, 主としてプリント基板として使用される積層板用の原紙.
			接 着 紙 原 紙	粘着・剥離用の基紙, 工程紙.
			食 品 容 器 原 紙	紙コップ, 紙皿, 小型液体容器などに使用される原紙.
			塗 工 印 刷 用 原 紙	一貫用を除く, 市販又は自社他工場向けに出荷する塗工印刷用紙の原紙.
			(自工場加工用分)	自社工場で加工(塗工)する塗工印刷用紙の原紙で紙の生産高には計上しない.
			その他加工原紙	塗布, 含浸などは加工をほどこして使用される紙で, 硫酸紙, 耐脂・耐油紙, 防錆紙, 防虫紙, 温床紙, 擬革紙, 研磨紙, ろう紙, バルカナイズド原紙, 製版用マスター, 写真印画紙原紙など.
		電気絶縁紙*	コンデンサペーパー	コンデンサに使用される極く薄い絶縁紙.
			プレスボード	変圧器などに使用される厚い絶縁紙.
			その他絶縁紙	ケーブル, コイルなど各種電気絶縁用に使用される紙.

表10.1 (続き)

品種			該当品種の説明
雑種紙	工業用雑種紙	その他工業用雑種紙*	
		ライスペーパー	煙草の巻紙用のもの.
		グラシンペーパー	薄い半透明の紙で, 菓子, 薬品などの包装や内張りに使用されるもの.
		その他工業用雑種紙	トレーシング, 濾紙, 水溶紙, 遮光紙, 煙草用チップ, 吸取紙など上記以外の工業に使用されるもの.
	家庭用雑種紙	書道用紙*	書道半紙, 書初用紙, 画仙紙.
		その他家庭用雑種紙*	紙ひも, 障子紙, ふすま紙, 紙バンド, 奉書紙, ティーバッグ, 傘紙, 油紙, のし袋などに使用されるもの.

注　＊印の付いた品種は経済産業省指定統計品目

表10.2 板紙の品種分類表

品 種			該 当 品 種 の 説 明
段ボール原紙	ライナー	外 装 用* （ク ラ フ ト）	クラフトパルプを主原料とし，段ボールシートの表裏に使用されるもの．外装用段ボール箱用．巻取．
		外 装 用* （ジ ュ ー ト）	表層はクラフトパルプ，中層・裏層は古紙を原料として抄合わされ，段ボールシートの表裏に使用されるもの．外装用段ボール箱用．巻取．
		内 装 用*	古紙を原料として抄合わされ，JISの規定する強度を持たないもの．主として内装用段ボール箱，中仕切などに使用される．巻取．
	中しん原紙	パルプしん*	パルプを主原料とし，段ボールシートの中の「段（フルート）」に使用されるもの．巻取．
		特 し ん*	古紙を原料とし，段ボールシートの中の「段（フルート）」に使用されるもの．巻取．
紙器用板紙	白板紙	マ ニ ラ ボ ー ル （塗工*，非塗工*）	表層は晒パルプ，中層・裏層はパルプ又は古紙から抄合わされているもの．メニュー，カード類，美術本・絵本などの厚手印刷物及び打抜きの小型印刷箱（医薬品，化粧品，石けん，タバコ，キャラメル，冷凍食品などの個装用並びに液体食品用）に用いる．平判及び巻取．
		白 ボ ー ル （塗工*，非塗工*）	表層は晒パルプ，中層・裏層は古紙から抄合わされているもの．マニラボールに比べると一般に厚手で，普通，何らかの印刷を施して折りたたみ箱（食料品，洗剤，繊維製品，雑貨用）などに用いる．非塗工品は印刷しないで加工される場合も多い．平判及び巻取．
	黄・チップボール*	黄 板 紙	稲ワラ，古紙を主原料として抄合わされ，黄土色のもの．耐折性に劣るが剛度が高く，普通表面に外装紙を上貼りして上製本のしん，ブックケース，洋服箱，紙製玩具などに使用される．外装紙を上貼りすることから出来上がった箱を貼箱という．平判．
		チ ッ プ ボ ー ル	古紙を原料として抄合わされ，黄板紙の代わりに使用されるようになったもの．用途はほぼ黄板紙と同じだが，上貼りをせずにそのまま製箱する場合もある（機械箱）．平判．
	色 板 紙*		古紙を主原料として抄合わされ，染料で着色したもの．ただし，クラフトボールのように，クラフトパルプ又はクラフト系古紙の色をそのまま生かしたものもある．一般に機械箱用．平判．

表 10.2 (続き)

品　　　　種			該 当 品 種 の 説 明
建材原紙*	防　水　原　紙		古紙，繊維ぼろを原料として抄合わされ，アスファルトやタールなどを含浸させて防水性を持たせ，建築物の屋根や床の下ぶきに用いるもの．巻取．
	石こうボード原紙		古紙を原料として抄合わされ，耐火性の壁材である石こうボードの表裏面を形成する．巻取．
紙　管　原　紙*			古紙を原料として抄合わされ，紙，布，セロファン，テープ，糸などの巻しん並びに紙筒などに使用されるもの．巻取．
その他	板紙*	ワ　ン　プ	古紙を原料として抄合わされ，紙・板紙の包装用に用いられるもの．平判及び巻取．
		その他板紙	上記以外のもの．各種台紙，地券，しん紙など．平判及び巻取

注　*印の付いた品は経済産業省指定統計品目

11. 紙の次代を展望する

11.1 バイオテクノロジー

紙・パルプ分野では,広義には,排水処理,サルファイト排液処理,表面サイズ用でんぷんの変性,抄紙系で発生するスライムコントロールなどでバイオテクノロジーが使用されています.

狭義には,成長の早いパルプ材用林木の育種,パルプ化,パルプ排液の利用などが着目,検討されています.

・原料とパルプへの利用

たんぱく質,核酸については,自動合成装置による合成まで進歩しているのに対して,同じ生体高分子で合成が望まれるセルロースについては難しく,最近,酵素触媒重合で初めて化学合成されたところで[81],今後の研究に期待が寄せられています.

セルロースを基本とするパルプ用材(林木)の育種における遺伝子工学では新しい形質を植物に直接導入して,育種期間の短縮,新しい形質の導入を行うことができます.

パルプ用林木での具体例では,リグニンの生合成経路を抑制して低リグニン木をつくるための研究,除草剤耐性遺伝子の導入,遺伝子操作により有用遺伝子の単離を行い,セルロース含量の高い林木を作って行く研究が進められています.

微生物で前処理を行い,この材木を用いて,機械パルプを製造す

ることも試みられています．ただ微生物の処理は処理に要する時間が長いので，チップの輸送や貯蔵時を使ってこれらの前処理を行うことができれば，微生物処理が必要とする数週間の処理時間をカバーすることができると考えられます．

この場合，リファイナー動力の削減と，得られる紙の強度が上がることが期待されます．

また，リグニンを選択的に分解する酵素，リグニナーゼを，組換え DNA によって作り，工業化する検討も行われています．

このリグニナーゼは，漂白工程でも応用が期待されますが，木材の主要3成分の一つでリグニンと結合しているヘミセルロースをヘミセルラーゼで前処理してから漂白することも試みられています．この場合，二酸化塩素の消費量が減少すること及び Kappa 価（蒸解の程度を示す値で，残留するリグニン量やパルプの色と関係が深い）を低減し，パルプの白色度を高く（白くなる）することができます[82]．

・酵素叩解

セルロース分解酵素の活性を抑えながら粗キシラナーゼをパルプに添加して，酵素叩解を行うことも試みられています．この処理を行うとパルプの膨潤性，柔軟性が増大するとともに叩解に要するエネルギーを削減できます．ただ現段階では，得られる紙の強度が若干低下することなどの問題があります．

・スライムコントロール

抄紙工程で，期待，活用されている酵素活用法は，スライムコントロールでしょう．スライムとは，スライム形成菌などの微生物が集まって成長し，このとき，できる粘着性の物質の総称です．従来

メチレンジオキシアネートなどの有機窒素硫黄系のスライムコントロール剤が使用されていましたが、レバンヒドロラーゼは多糖類の溶解の触媒的作用を行ってスライムの発生を防止します．

・排水処理

また，微生物は工場排水の処理に多用されています．古くから使用されている活性汚泥処理法，回転型微生物処理装置などで，工場排水中の物質の分解や無毒化，脱色，BOD（生物化学的酸素要求量）の低減化が微生物の力によって行われています．

・バイオマスエネルギー

パルプ・紙の製造プロセスにおいて排出される木質，セルロース系物質をバイオテクノロジーでバイオマスエネルギーとして有効に利用することも試みられています．

ほかには食用キノコの生産，動物の飼料化，エタノールへの転換など，いろいろな方面でバイオテクノロジーの利用が行われています．

11.2 新しい紙

・アラミド紙

ゴルフクラブと防弾チョッキの関係は，要人がゴルフをしているところではなくて，どちらも高強度，高弾性率の芳香族ポリアミド（ポリ-パラ-フェニレンテレフタルアミド）繊維で作られているところに共通点があります．

この兄弟にあたるポリ-メタ-フェニレンテレフタルアミド繊維を使った紙はアラミド紙（ノーメックス®紙）と呼ばれます．

この紙は,短繊維状のフロックと微小結合分子(ファイブリッド)を混ぜて抄紙し,高温高圧下で紙にしたもので,高強度,耐熱性,難燃性を有するほか,高い絶縁耐力を持っています.衣類にこの繊維を用いた例では,消防服,カーレーシング用のスーツがあります.アラミド紙はその特性を生かしてモーターや発電機の絶縁材料,変圧器の絶縁材料,航空機のハニカム構造材に用いられます[83].

・無機繊維紙

上記のアラミド紙と同様に,高温下や腐食性ガス雰囲気などの環境下でも耐える紙が無機繊維紙です.ガラス繊維,セラミック繊維,ステンレス繊維などを使用して紙にします.

ガラス繊維紙は,直径 $6〜9\ \mu m$,長さ $6〜25\ mm$ のガラス繊維(融点840℃)を使用して架橋型アクリル樹脂やエポキシ樹脂をバインダーとして紙に作られます.

ガラス繊維紙の主用途はプリント回路基板用で,コンポジット基板に使われます.ガラス繊維紙はエポキシワニス含浸を行った後,ホットプレスで熱圧積層成形されます.加工適性や強度,電気特性はもちろんのこと穴明けや打ち抜き適性を有します.

ガラス繊維紙の別な用途に,床材や屋根材としての応用があります.ガラス繊維紙は耐熱性と寸法安定性に優れるためクッションフロアーやアスファルトルーフィングに用いられます.

無機繊維紙の代表としては,石綿を使ったアスベスト紙が不燃材,耐熱材,断熱材,吸音材などの用途で有名ですが,発ガン性の問題から,その使用が抑えられ,ほかの無機繊維,無機紙に置き換えられてきています.

けい酸カルシウム(ゾノトライト)もその一つです.石灰とけい酸を高温で燃焼するか,オートクレーブで水熱合成で作ります.水

熱合成で作られるゾノトライトは,直径 0.5 μm 以下で,長さ 10 μm くらいの繊維状結晶が鳥の巣のような形になっています.耐熱性は 800℃ 以上であり,消火性もあるほか,赤外線の放射率が高い,青果物の老化熟成を促進するエチレンガスの吸着能が高いなどの特性があります.

ほかにセラミック繊維紙を使って段ボールのような加工(コルゲート加工)を行い,ハニカム構造を作り,触媒の坦体,熱交換機,除湿器,脱臭機などへの応用が図られている例もあります.

一方,セルロース以外の有機繊維を使用した紙もあります.中でも特徴的で,長い歴史を持っているのが,次に述べる合成紙といわれる紙です.

・合成紙

1968 年に科学技術庁資源調査会の「合成紙産業育成に関する勧告」が出され,パルプ資源の枯渇不安と石油化学への展望と合い,6 社が生産を開始しました.しかし,1973 年の第一次石油危機によって一変し,現在世界で 3 社ほどが製造しているにとどまっています.

フィルム合成紙とファイバー法合成紙があり,フィルム合成紙は,ポリスチレン,ポリプロピレンなどを押し出し成型した後,表面に白色顔料を主体にしたカラーを塗工して,印刷,筆記性を与えた紙です.

ファイバー法合成紙はポリエチレン繊維などをフィブリル化して作った合成パルプを用いて通常の紙と同じく抄紙したものです.アラミド紙はこのファイバー法合成紙の一種ということもできます.

合成紙は,耐水性,高い紙力,高い耐折強さ,無塵性,防湿性など,従来の木材パルプから作った紙にない特性を有するため,特殊

な分野で使用されています。水に濡れても破れないため，ポスター，地図，ラベル，封筒などに使われているほか，選挙用投票用紙にも使われています。これは折り曲げた後しっかり折れないというフィルムの特性を巧みに使った例で，投票箱の中で折った用紙が拡がり，開票作業の効率が上がります。

ファイバー法合成紙は，不織布と呼ばれる紙と布の中間的なシートということもできます。

Tyvek®（タイベック）は高密度ポリエチレンの微細繊維を紡糸時に（糸をつくるとき）ランダムに積み重ね，加圧熱接着して作られます（スパンボンド法）。軽く，耐水性が強く，引裂強さが強く，耐摩耗性があり，不透明で発塵がないため，封筒や，フロッピーディスケット用の袋などに用いられています。

また，ポリプロピレン繊維を原料としてスパンボンド，メルトブローなどの方法で作られた薄い不織布（紙）は，強くて耐水性がよくドライ感があるため，おむつの表面材料に使用されます。

・医療に使われる紙

肝炎ウイルスや AIDS ウイルスに対して医療従事者の身の保護のために，各種医療用使い捨てシートや衣料が使用されています。例えば，手袋，マスク，ゴーグル，ガウン（手術衣，掛け布）などがあります。この場合，高いバリヤー性のほか，衣料とするためドレープ性なども要求され，スパンレース法，スパンボンド法，湿式法（水を使って抄紙する）などでポリプロピレン，ポリエステル繊維などのシートが作られています。

ほかに滅菌用の包装材料も医療では使われています。細菌などに対して高いバリヤー性を有する一方，熱やガスの透過性が必要とされ，紙との複合材料が使用されます。

耐熱性，耐薬品性，耐候性，低摩擦性を有するふっ素繊維（四ふっ化エチレン樹脂をエマルション紡糸法で作った繊維）を用いた坪量80〜300 g/m² 程度の紙も開発されており，耐熱性，耐薬品性が要求される各種のフィルターなどへの応用が検討されています．

11.3　これからを考える

紙というと木材パルプ，木材繊維あるいは植物繊維から水を介してシートにすることを考えますが，少しずつ変わってきています．特に高機能性を追求していった結果，原材料，プロセス各面において，それぞれ革新がなされています．

セルロースの合成が難しい現在，どうしても紙の原料は木材に頼らざるを得ませんが，その中で，セルロースを生物工学的に作っていくことが行われています．

セルロース産生菌と呼ばれる菌が作り出すセルロース繊維は高い弾性率を有します．量的な問題もあり，まだ用途としてはスピーカー振動板などに限られていますが，将来が多いに期待できます．

また，セルロースとよく似た構造を有するアルギン酸を繊維化することが試みられています．同様にセルロースと類似の構造を有し，カブト虫やエビ，カニの外殻成分であるキチンを紡糸して繊維をつくって抄紙した紙は，生体融合性が良いことや，薬理作用を有するため，医療用への用途展開が期待されます．

人工皮膚，絆創膏などの医療用には生体由来繊維のキチンやコラーゲンを使用した紙の応用が考えられます．尿検査などの臨床検査では機能性を高めた試験紙などが考えられています．このように従来の紙のイメージと用途を大きく変革することにより，医療を始め各分野での紙の応用展開が期待できます．

音響関係では，圧電フィルムを紙でサンドイッチしたペーパースピーカーも開発されています．

機能紙の分野では，その開発はめざましいものがあります．紙層中の空孔の均一化，軽さ，薄さ，耐熱性，耐薬品性等々の高機能化が進められています．また，品質の安定性，異物，不純物の低減などが必要で，特性付与と併せてこれらの各機能をいかにして付与するかを競って開発しています．

紙の持っている種々な機能，そして人に優しい，暖かい，落ちつける肌合いと感触，これらの機能を合わせながら，複合化したり，新しい繊維材料，製造プロセスの応用開拓で次の時代がくることでしょう．

紙の産業界においてもコンピューター化が進んでいます．

紙を生産するに当たっての販売，生産を含めた統合化システムや，生産管理，品質管理，設備管理の自動化が進められています．操業管理のプロセスオートメーション化と仕上工程のFA（ファクトリーオートメーション）化も進んでいます．

個別には，計測，制御技術があります．坪量，水分，厚さ，密度，嵩（かさ），灰分，平滑度，光沢度，塗工量，地合い，不透明度，色，白色度，蛍光強度，伸び，破裂強さ，引張強さなどのセンサーが開発されて，これらの物性値をMD方向，CD方向で制御することが行われています．

抄紙系では，ファンポンプの回転数制御，J/W（ジェットとワイヤーの速度）比制御（トータルヘッド制御），抄速，ドライヤー，ドロー，濃度，欠点，濾水度，巻き径，巻き長さ，フェルト位置など，各所での検出，制御が行われており，これらを統合化することも行われて，在庫，出荷管理まで結びつけています．

11.3 これからを考える

紙の試験は自動化が難しいものが多いのですが，品質管理においても各試験器からの信号をデジタル化して，自動測定，自動管理をするLA化が浸透してきています．

また従来の試験方法から離れて，自動試験を同時に連続して行い，品質管理の迅速化，高精度化，省力化が進められつつあります．

品質の中にはISO 9000シリーズといった品質保証あるいは，ISO 14000シリーズのような環境マネジメントシステムさらには安全性の確保も今後さらに重要視されていくことでしょう．

紙，板紙の取り引きにおいては，品質管理の確実化や配送少ロット対応，納期短縮等きめ細かな対応が求められる一方，コストダウンも要求され，そのツールの一つとして電子商取引が進められています．

紙の流通においても，コンピューターを利用してオンライン情報処理を行う紙パ流通VANも代理店を中心に既に行われています．在庫照会，在庫品手配，取引書の出力，確認業務，発注手配，メールボックス業務が対象となっています．

紙の流通業者は代理店（一次問屋でメーカーが自社の取引先として指定し契約している販売業者．ただし，紙の代理店は複数のメーカーと取り引きがあることが特徴です），卸商（二次問屋），総合商社の三つに分けられます．

ユーザーは，新聞社や出版社，印刷会社，紙器会社などで，最終的に紙を使用するユーザーが直接ユーザーとなることは少ないのも特徴です．これは，紙が印刷や加工をされてから製品になるからでしょう．

歴史が古い紙であるがゆえに，コンピューター化や，新規分野の開拓，製造工程などへ技術革新が起こりにくいという難しい面もありますが，各分野で大きく動き始めています．

印刷においては，デジタル化，電子化はかなり速い速度で進んでいます．その中で紙と最も関係深いのは，デジタルプリント，オンディマンドプリント，コンピュータートゥペーパーと呼ばれる印刷で使用される紙です．これは，製版工程なしで紙に直接印刷するもので，複写機と印刷機の中間に位置するものです．インクジェット記録方式を応用したものや電子写真印刷（トナー使用記録方式）を応用したものなどがあります．それぞれインクジェットプリンター用紙やコピー用紙に要求される紙質，品質に類する高い機能性が要求されます．

紙や原料の輸出入だけでなく，品質や新製品開発においてもグローバル化が進んでおり，その対応が図られています．そのために，インターネットを情報伝達ツールとして使用してオンディマンドを各地で同時に行うなど，時間と距離が縮められています．紙には高品質が求められる一方，低価格化も進んで，このため生産機械の高速化，広幅化あるいは企業統合が速いテンポで進んでいます．

人に優しく，環境を大切にした，記録，包装など各種の基材としての紙に期待できます．

引用・参考文献

1) 紙パルプ技術協会編 (1974)：紙及びパルプ年表
2) 紙パルプ技術協会編 (1989)：紙パルプ事典, 金原出版
3) 寿岳文章編 (1988)：紙, 作品社
4) 久米康生 (1976)：和紙の文化史, 木耳社
5) 町田誠之 (1989)：紙と日本文化, 日本放送出版協会
6) 小林嬌一 (1986)：紙の今昔, 新潮社
7) 全国手すき和紙連合会編 (1990)：和紙の手帖, 全国手すき和紙連合会
8) 朝日新聞社編 (1986)：和紙事典, 朝日新聞社
9) 朝日新聞社編 (1986)：洋紙百科, 朝日新聞社
10) 紙パルプ技術協会編 (1982)：紙パルプの種類とその試験法, 紙パルプ技術協会
11) 門屋卓, 角祐一郎, 吉野勇 (1977)：紙の科学, 中外産業調査会
12) 門屋卓, 臼田誠人, 大江礼三郎 (1982)：製紙科学, 中外産業調査会
13) 大江礼三郎監修・訳 (1983)：紙およびパルプ—製紙の化学と技術, 中外産業調査会
14) 大江礼三郎, 臼田誠人, 上埜武夫, 尾鍋史彦, 村上浩二 (1991)：パルプ及び紙, 文永堂出版
15) 紙パルプ技術協会編 (1982, 1992)：紙パルプ技術便覧, 紙パルプ技術協会
16) 紙業タイムス社出版部編 (1980)：新・紙加工便覧, 紙業タイムス社
17) 倉田泰造監修・訳 (1975)：図解製紙百科, 中外産業調査会
18) 市川家康 (1973)：わかりやすい紙・インキの科学, ㈶印刷局朝陽会
19) 遠藤元男 (1971)：織物の日本史, 日本放送出版協会
20) Alphone de candoll, 加茂儀一訳 (1949)：栽培植物の起源, 改造社, pp. 217-269
21) Bert Dewilde (1987)：*Flax in Flanders throughout the centuries*, lannoo (Belgium)
22) 神田盾夫 (1940)：パピルスの話, 長崎書店, pp. 24-25
23) 佐藤秀太郎 (1970)：パピルスの今と昔, 百万塔, 第 31 号, pp. 13-16
24) 竹尾編 (1979)：世界の手漉和紙, 竹尾
25) ハッサン・ラガブ (1975)：パピルス, 百万塔, 第 39 号, pp. 4-8
26) 大沢忍 (1975)：パピルスの幻想, 百万塔, 第 39 号, pp. 1-3
27) 小林良生 (1988)：和紙周遊, ユニ出版
28) Dard Hunter (1947)：*Paper Making*, Dover Publication (N.Y.)
29) Bo Rudin (1990)：*Making Paper*, Rundns (Sweden)
30) Reprinted from Ciba Review (1949), No.72, PPMC
31) 小林良生, 前松睦郎 (1985)：名塩紙探訪記, 百万塔, 第 63 号, pp. 24-31

32) J.d'A. Clark (1981) : *Pulp Technology and Treatment for Paper*, Miller Freeman Publisation Inc.(San Francisco)
33) 有田良雄 (1990):連載「歴史と紙の役割」, 紙パルプ技術タイムス, 2月号から連載中
34) 尾崎金俊 (1980):麻紙について, 百万塔, 第50号, pp. 20-24
35) 山本信吉 (1991):書と紙料の美 ①-⑩, 日本経済新聞社
36) 国立劇場事業部宣伝課編 (1991):第169回歌舞伎公演, 日本芸術文化振興会
37) 東昭 (1991.6.26):飛翔のナゾ2, 日本経済新聞夕刊
38) 郡司正勝 (1982):力紙, 百万塔, 第54号, pp. 58-62
39) 伝統文化保存協会 (1989):桂離宮
40) 貴田庄 (1982):和紙とレンブラント, 百万塔, 第54号, pp. 1-11
41) 貴田庄 (1983):和紙とレンブラント(2), 百万塔, 第55号, pp. 42-62
42) 坂本直昭 (1986):洋紙百科, 朝日新聞社編, p. 86
43) 森本正和 (1991):紙のあれこれ, 紙パルプの技術, Vol. 41, No. 3,4, pp. 1-10
44) 野中郁次郎, 清澤達夫 (1988): 3 Mの挑戦, 日本経済新聞社
45) 佐沼順子 (1986):洋紙百科, 朝日新聞社編, p. 120
46) 宮沢俊雄 (1985):相撲に使われる紙, 百万塔, 第61号, pp. 52-55
47) 日刊工業新聞 (1991.7.31):復権日本の製造業 (紙パルプ業界)
48) NHK教育TV (1991.7.24):現代ジャーナル「よみがえる美, フィレンツェ・美術品の修復と保存」
49) 新井英夫 (1983):書籍・古文書等のむし・かび害保存の知識, ㈶文化財研究所, pp. 1-24
50) 小林良生 (1989):理論解明が待たれる「紙の古文化財」の保存・修復研究 (1), 紙パルプ技術タイムス, Vol. 32, No. 2, pp. 30-33
51) 小林良生 (1989):理論解明が待たれる「紙の古文化財」の保存・修復研究 (2), 紙パルプ技術タイムス, Vol. 32, No. 4, pp. 29-34
52) 日本総合紙業研究会編 (1944):代用パルプの研究, 新民書房, pp. 29-37
53) 右田伸彦, 米沢保正, 近藤民雄 (1968):木材化学(上)(下), 共立出版
54) 印刷局研究所編:非木材パルプ特集, 印刷局研究所
55) 古賀悦二郎, 高村憲男, 鮫島一彦 (1980):じん皮繊維原料のシュウ酸アンモニウム蒸解に関する研究 (第1報), 紙パルプ技術協会誌, Vol. 34, No. 10, pp. 699-705
56) 伊藤俊治 (1991.7.20):モダンの考古学, Weekend Nikkei, Vol. 2, No.29
57) (財)古紙再生促進センター編 (2001):古紙ハンドブック 2000
58) K.W. Britt (1970) : *Pulp and Paper Technology,* Van Nostrand Reinhold Co.
59) 日本製紙連合会編 (1991, 2001):紙・パルプの現状, 紙・パルプ, No. 499, 629
60) 原啓志, 吉村隆重 (1991):薄葉紙に要求される特殊性と軽量化・多色化への対応, 紙パルプ技術協会誌, Vol. 45, No. 10, pp. 1-16
61) 大江禮三郎 (1988):資料の劣化と保存対策, 木材学会誌, Vol. 34, No. 10,

pp. 781-787
62) 尾関昌幸, 大江禮三郎, 三浦定俊 (1985)：紙の劣化速度に関する検討, 紙パルプ技術協会誌, Vol. 39, No. 2, pp. 233-242
63) 大江礼三郎 (1990)：紙を強くする, 紙・パルプ, No. 493, 日本製紙連合会
64) 小林嬌一 (1988)：聞きかじり紙学問 (5), ミック, No. 15, pp. 21-26
65) 大江禮三郎 (1990)：古紙繊維の製紙適性, ALPHA, Vol. 4, No.6, pp. 16-19
66) L. Göttsching (1977)：Papier, Carton et Cellulose, Vol. 26, No. 7, pp. 40-44
67) 日本製紙連合会編 (1990)：紙は紙になり暮らしをつくる, リサイクル 55 キャンペーン
68) 上坂鉄, 石沢徳郎, 小高功, 奥島俊介 (1989)：紙パルプ技術協会誌, Vol.43, No. 7, pp. 53-60
69) 平松哲也 (1991)：連量の「連」は "Ream" が語源, 紙・パルプ, No. 504, pp. 14-15
70) 繊維学会編 (1990)：第 25 回紙パルプシンポジウム要旨集, 繊維学会
71) スガ試験機編 (1985)：最近における耐候(光)複合試験と屋外暴露
72) 日本経済新聞社編 (1991.8.11)：夏の演出家, 日本経済新聞社
73) 加藤譲 (1988)：生理・衛材用品について(下), 紙と周辺技術, 3月号, pp. 21-31
74) トピック (1989)：穴あきフィルム使いの生理ナプキン, 不織布情報, 第 195 号, pp. 6-7
75) 伊藤勇, 藤田真作 (1985)：銀塩カラー写真材料, 電子写真学会誌, Vol. 24, No. 4, pp. 339-347
76) 日本製紙連合会編 (1990)：新製品の紹介, 紙・パルプ, No. 490, p. 25
77) 柴野富四 (1991)：粘着・剥離コーティングによる製品開発, コンバーテック, 8月号, pp. 26-30
78) 平松哲也 (1991)：A 版と B 版の由来, 紙・パルプ, No. 500, pp. 18-21, 日本製紙連合会
79) 牧祥平 (1986)：本製本の工程, 洋紙百科, 朝日新聞社
80) 関根房一 (1991)：上製本, 印刷情報, 8月号, pp. 87-93
81) 小林四郎 (1991)：セルロースの化学合成に成功, 化学と工業, pp. 1914-1918
82) Patric C. Trotter (1991)：紙パルプ産業とバイオテクノロジー (1), ALPHA, 7月号, pp. 61-68
83) 宮坂戒 (1990)：ノーメックス®アラミド紙について, ミック, No. 17, pp. 1-4

索　引

【あ】

アート紙　121
IGT 印刷試験器　174
青みづけ　99
麻　19
大麻　20
アスベスト紙　250
厚さ　184
圧縮性　170
圧縮強さ　156
圧縮率　170
アフタードライヤー　117
アプローチパート　100
亜麻　19
アマテ　26
アラゴナイト型　95
アラミド紙　249
アラム　132
亜硫酸塩法　35
アルキルケテンダイマー（AKD）　96
アルケニル無水コハク酸（ASA）　97
アンワインダー　126

【い】

一帖　235
遺伝子工学　247

印画紙　225
引火点　211
インクジェット記録　181
インディア紙　187

【う】

ヴァージンパルプ　140
ウィリアムズバーグ　34
ウェザーメーター　212
ウェットウェブ　107
ヴェラム（Vellum）　24
ウォーターマーク　53
薄様　39
打雲　43
初水　69
裏打ち紙　60
裏移り　176
裏抜け　175

【え】

エアーナイフコーター　128
A 判　236
A 列本判　237
エスパルト　170
エッジワイズ圧縮特性　193
FA　254
LA 化　255
$L^*a^*b^*$ 表色系　200
エレメンドルフ引裂強さ　155

塩基性染料　99

【お】

凹版印刷　168
OIR　177
OMR　177
OCR　177
オープンドロー　113
オフセット印刷　167
オフマシン　119
卸商　255
オントップタイプ　110
オントップツインワイヤー　111
オンマシン　119
　──塗工装置　118

【か】

カール　159
外部フィブリル　188
　──化　86
カオリン　94
化学パルプ化法　76
楽譜　55
穀　21
ガスバリヤー性　158
カゾムシ　64
型紙　38
カチオン化でんぷん　98
カチオン性でんぷん　97
活性汚泥処理法　249
活性化エネルギー　211
カッター　131
カット紙　181

活版　167
桂離宮　47
仮道管　73
カナダ標準ろ水度　90
紙　18
紙・板紙の種類　235
紙・板紙の生産量　136
紙おむつ　221
紙衣　48
紙消費量　136
紙の寸法　235
紙の密度　171
紙屋院　29
カラー写真　226
唐紙　28,42,43
ガラス繊維　250
仮固め　237
カルサイト型　95
カルボキシメチルセルロース　217
カレンダー　33
感圧記録　178
完成紙料　92
感熱記録　179
感熱転写記録　179
雁皮　63
　──紙　39
顔料　98,125

【き】

機械パルプ化法　76
菊判　236
キチン　253

キット表示 158
キャストコート紙 128
キャレンダリング 118
キャンバス 115
吸液性 206
吸音 208
吸湿率 203
吸収係数 198
吸油性 173
強化ロジンサイズ剤 96
局紙 41
雲母 42
禁忌品 145
緊張乾燥紙 205

【く】

クーチロール 107
屈折率 197
組換えDNA 248
クラーク臨界長さ 153
グラシン紙 194
グラビア印刷 168
グラビアコーター 127
クラフトパルプ 76
クラフト法 35
クリーナー 102
クリーニングペーパー 56
クレイ 94
クレープ加工 115
クレム法 157
黒皮 65

【け】

蛍光染料 99
蛍光増白剤 196
軽質炭酸カルシウム 95
罫線 165
軽量コート紙 124
ゲートロールコーター 117
化粧水 69
ケミカルウォーターマーク 53
縑帛 18

【こ】

叩解 67,84
 ――機 30
 ――度 88
高吸水性ポリマー 222
合成紙 251
楮 21,37,63
酵素叩解 248
光沢度 199
広葉樹 73
コーターヘッド 126
コーテッド紙 121
コート紙 121
故紙 139
古紙 83,136
 ――回収率 143
 ――処理技術 148
 ――パルプ 140
コッブ法 157
コニカル型リファイナー 87
御幣 49
コルゲーター 129
こわさ 152

【さ】

サーマルヘッド　179
蔡候紙　17, 21
サイズ剤　96
サイズ度　157
サイズプレス　116
再生紙　136
蔡倫　17
サクションボックス　33, 105
晒（さらし）　80, 213
三刺激値　200
酸性サイズ　133
酸性抄紙　133
酸性染料　99
散乱係数　198

【し】

CSF　90
CD　102
GP　34, 81
CPO　177
シェーキング　107
J/W 比　254
ジエチル亜鉛法　134
シガレットペーパー　187
紙管　130
色差　200
磁性層　227
湿紙　107
垂　49
紙床　71
死番虫　59
紙布　49
浸み通し　175
湿し水　168
遮音　208
尺判　183
ジャム　181
自由乾燥紙　205
重質炭酸カルシウム　94
収れん性　220
宿紙　140
修善寺紙　30
絮　18
蒸解釜　77
衝撃引張強さ　156
抄紙　32
障子　194
上質紙　186
抄造　101
ショースルー　175
ショッパーリーグラー型　90
処方　126
シリカ（ホワイトカーボン）　96
紙料　92
　——層　106
　——ボックス　101
紙力増強剤　97
シルクスクリーン　169
四六 T 目判　183
四六判　236
靱皮繊維　64
新聞用紙　185
針葉樹　73

【す】

簀　67, 69
水素結合　190
スーパーキャレンダー　119
透かし　52
漉き桁　69
透き通し　175
漉き舟　69
漉く　32
スクリーン　102
スズメバチの巣　33
スチレンブタジエンラテックス　125
ステキヒトサイズ度　157
捨て水　69
ステンシルペーパー　187
ストックインレット　102
ストライクスルー　175
スライス　102, 103
スライム　110, 248
寸法安定性　204

【せ】

静電記録方式　228
静電プロッター　228
製本　237
石州半紙　60
接触角　163
接着　162
セミコニカルタイプ　88
セルロース　75
　――産生菌　253

繊維長分布　91
繊維配向性　208
繊維飽和点　203
線熱膨張率　210
染料　98

【そ】

層間強度　124
ソーキング　83
損紙　92

【た】

耐候性　211
耐光性　213
耐水性　157
体積抵抗率　231
耐折強さ　156, 192, 193
耐熱性　158
Tyvek®　252
耐摩耗強さ　154
耐油性　158
代理店　255
ダスティング　176
脱インキパルプ（DIP）　148
たね　92
種箱　101
タパ　25
タバコの巻紙　187
タフネス　153
ダブルディスク型リファイナー（DDR）　88
溜め漉き　29
タモ　67

タルク　94
炭酸カルシウム　94
檀紙　38
ダンディーロール　33, 54

【ち】

地合い　107
チェスト　92
力紙　46, 56
チップ　76
中性サイズ剤　133
中性抄紙　133
調成　84
チョーキング　175
直接染料　99
苧麻　20
ちり取り　66

【つ】

ツインワイヤー　110
　──マシン　33
通草紙　26
束　184
坪量　183

【て】

DIP　83
ディストリビューター　102
ティッシュペーパー　112
テーバー型摩耗試験　154
手漉き　63
粘葉本　42
典具帖紙　37

電子写真記録　180
電磁波シールド紙　230
電磁波のシールド　230
伝熱　209
でんぷん　125
塡料　93

【と】

道管要素　74
透気度　201
ドウサ引き　30, 132
銅版画　51
塗工（コーティング）　121
　──液（カラー）　125
　──紙　121
凸版印刷　167
トナー　180
ドライパート　115
ドライフェルト　115
ドライヤーシリンダー　115
鳥の子　30
　──紙　40
黄蜀葵　67

【な】

内部引裂強さ　155
内部フィブリル　188
　──化　85
流し漉き　29
中芯原紙　129
流れ方向（MD）　102, 160
名塩鳥の子紙　40
生はぎ　65

難燃化　217

【に】

膠　131
二酸化チタン　96

【ね】

熱伝導率　210
熱分解　211
ネリ　30, 67
粘着テープ　232

【の】

ノーカーボン紙　178
ノーメックス®　249
ノンインパクト方式　178

【は】

Bible　23
バーコーター　128
パーチメント（羊皮紙）　23
バイオテクノロジー　247
バイオマスエネルギー　249
貝多羅葉　25
ハイドローリック型　103
パイリング　176
灞橋麻紙　21
箔合い紙　41
箔打紙　40
白色度　195
白水　101
白皮　65
剝離紙　231
バット　111
花火　219
幅方向　102, 160
パピルス　21
バライタ　225
パルプ　77
　——の生産量　136
破裂強さ　155
版画用紙　50
半紙　235
番付　57
礬土　132

【ひ】

B/M　120
BOD　249
ビーター　31
B判　236
PPC　177, 180
B列本判　237
ピカソ　50
引裂強さ　154
微細繊維　86
ヒステリシス　204
ヒッキー　176
ピッキング　176
引張強さ　153
比熱容量　210
比破裂強さ　156
ビヒクル　173
非木材　73
　——の植物繊維　73
　——繊維　63

漂白　80
　——クラフトパルプ（BKP）　81
表面強度　168, 174
表面サイズ　117
表面張力　163
表裏差　161
平判　130

【ふ】

ファブリアーノ　28, 52
フィブリル　85, 188
フェードメーター　212
フェルト面　109, 161
フォイル　105
フォードリニアマシン　33
襖　209
不透明度　159, 197
プラスチックワイヤー　108
フラッフパルプ　221
ブランケット　168
ブリスタリング　176
プリペイドカード　227
プリントゴッコ®　169
プリントスルー　175
フルート　130
ブレードコーター　128
プレスパート　112
プレスフェルト　113
プレスマーク　53
ブローク　92
フローテーション法（浮遊法）　84

フローテーションマシン　148
フロック　87
プロッター　228

【へ】

平滑性　171
米坪　183
paper　23
ヘッドボックス　102, 103
ヘミセルロース　75
ベンタニッププレス　114

【ほ】

防湿性　158
膨潤　85
奉書焼き　218
防水性　157
フォクシング　60
保水値（WRV）　90
ポストイット®　55
ポリアクリルアミド　97
ポリアミドポリアミンエピクロルヒドリン樹脂　97
ポリビニルアルコール　118
Volume　23
ボロ　28, 32, 51
本調子　69

【ま】

マイグレーション　223
マイクロカプセル　178
巻取り　130
　——製品の直径　185

麻紙　　17, 41
マシンキャレンダー　　119
マセ　　69
マット　　108
円網　　111
　──式抄紙機　　33
馬鍬　　69

【み】

ミキシングチェスト　　92
未晒クラフトパルプ（UKP）　　81
密度　　185
三椏　　63
　──紙　　41
美濃判　　235
明礬　　131

【む】

無機繊維紙　　250

【め】

滅菌用　　252

【も】

木繊維細胞　　73
木版画　　52
木簡　　18
モットリング　　176

【や】

ヤンキードライヤー　　115
ヤング率　　207

【ゆ】

有恒社　　33

【よ】

横紙破り　　154
吉野紙　　38

【ら】

ライスペーパー　　26, 27, 187, 219
ライナー　　129
ラテックス　　126
ラミネーション　　129
ラメラ　　141

【り】

リール　　119
力比　　156
リグニン　　75
リサイクル　　141
立体視　　171
リテンション　　108
リネン　　28
リファイナー　　31, 84
硫酸アルミニウム　　132
硫酸バンド　　96, 132
硫酸礬土　　132
流通VAN　　255
料紙　　40, 42, 59
両面テープ　　232

【れ】

戻紙　　92

レーザープリンター　　180
劣化　　133, 142, 193
裂断長　　153
レンブラント　　50
連量　　183

【ろ】

ロールコーター　　127
ロール紙　　181
rosin　　96

濾水性　　87, 89

【わ】

ワイヤー　　101
　——パート　　104
　——面　　108, 160
ワインダー　　126, 131
和紙　　63
割り紙　　58
割れ　　157

はら　ひろし
原　啓志
- 1949年　佐賀県に生まれる
- 1973年　東京農工大学卒
  　　　　三島製紙㈱入社
- 1984年　農学博士（東京大学）
- 現　在　研究所主任研究員，原田工場管理部次長，技術部次長を経て現在開発室長兼開発研究所長．
  　　　　この間，1981年，1989年に"製紙用麻類の構造について"，"紙の表面マイクロトポグラフィー"の研究でおのおの紙パルプ技術協会賞受賞．
  　　　　2000年第48回印刷・製本・取次・書店・製紙に関する野間賞受賞．
  　　　　勤務先が特殊薄葉紙の製造メーカーという関係もあり，タバコの巻紙，和紙などの研究，開発に携わったほか，紙や紙の原料となる繊維を細かく観察してきた．文化財の保存，古い紙の分析などの仕事も行ったほか，最新の情報記録用紙，ケナフ紙等の特殊印刷用紙や合成紙の開発も手掛けた．
  　　　　一方，ヨーロッパの手漉き紙に，日本固有の山野草や昆虫を描いた個展を開く，洋風の食材をモチーフにしたイラストとデザインで1997全国カレンダー展日本印刷産業連合会会長賞受賞など趣味も広い．
  　　　　本著でも，イラストを何点か試みた．
- 著　書　印刷用紙とのつきあい方（印刷学会出版部）
- 共　著　紙パルプ技術便覧，紙パルプ事典，最新加工ガイド，特殊機能紙，紙の大百科，印刷博物誌

紙のおはなし　改訂版　　　　定価：本体 1,400 円（税別）

1992 年 6 月 20 日　　第 1 版第 1 刷発行
2002 年 2 月 20 日　　改訂版第 1 刷発行

著　者　　原　　啓　志
発行者　　坂　倉　省　吾
発行所　　財団法人 日本規格協会

｜権利者との
　協定により
　検印省略｜

〒107-8440　東京都港区赤坂 4 丁目 1-24
電話（編集）(03) 3583-8007
http://www.jsa.or.jp/
振替　00160-2-195146

印刷・製本　　株式会社 ディグ

© HIROSHI HARA, 2002　　　　　　　　　　　　Printed in Japan
ISBN4-542-90246-3

当会発行図書，海外規格のお求めは，下記をご利用ください．
　通信販売：(03) 3583-8002　　海外規格販売：(03) 3583-8003
　書店販売：(03) 3583-8041　　注文ＦＡＸ：(03) 3583-0462